编审委员会

高等职业教育艺术设计"十二五"规划教材

ART DESIGN SERIE

空间构成基础

Space Constitution Basic Course

教程

陶涛 编著

国家一级出版社
全国百佳图书出版单位

西南师范大学出版社
XINAN SHIFAN DAXUE CHUBANSHE

图书在版编目（CIP）数据

空间构成基础教程/陶涛编著.—重庆:西南师范大学
出版社，2009.6（2019.8重印）
  ISBN 978-7-5621-4478-6

  Ⅰ.空… Ⅱ.陶… Ⅲ.空间设计-高等学校：技术学样-
教材 Ⅳ.TU206

  中国版本图书馆CIP数据核字(2009)第069854号

丛书策划：李远毅　　王正端

高等职业教育艺术设计"十二五"规划教材
主　　编：沈渝德

空间构成基础教程　陶涛 编著
KONGJIAN GOUCHENG JICHU JIAOCHENG

责任编辑：戴永曦
整体设计：王正端

西南师范大学 出版社(出版发行)
地　　址：重庆市北碚区天生路2号　　　　邮政编码：400715
本社网址：http：//www.xscbs.com.cn　　　电　　话：（023）68860895
网上书店：http：//xnsfdxcbs.tmall.com　　传　　真：（023）68208984

经　　销：新华书店
制　　版：重庆海阔特数码分色彩印有限公司
印　　刷：重庆康豪彩印有限公司
开　　本：889mm×1194mm　1/16
印　　张：6
字　　数：192千字
版　　次：2009年7月 第1版
印　　次：2019年8月 第2次印刷
ISBN 978-7-5621-4478-6
定　　价：42.00元

本书如有印装质量问题，请与我社读者服务部联系更换。读者服务部电话：(023)68252507
市场营销部电话:(023)68868624　68253705

西南师范大学出版社美术分社欢迎赐稿。
美术分社电话:(023)68254657　68254107

序
Preface 沈渝德

职业教育是现代教育的重要组成部分，是工业化和生产社会化、现代化的重要支柱。

高等职业教育的培养目标是人才培养的总原则和总方向，是开展教育教学的基本依据。人才规格是培养目标的具体化，是组织教学的客观依据，是区别于其他教育类型的本质所在。

高等职业教育与普通高等教育的主要区别在于：各自的培养目标不同，侧重点不同。职业教育以培养实用型、技能型人才为目的，培养面向生产第一线所急需的技术、管理、服务人才。

高等职业教育以能力为本位，突出对学生的能力培养，这些能力包括收集和选择信息的能力、在规划和决策中运用这些信息和知识的能力、解决问题的能力、实践能力、合作能力、适应能力等。

现代高等职业教育培养的人才应具有基础理论知识适度、技术应用能力强、知识面较宽、素质高等特点。

高等职业艺术设计教育的课程特色是由其特定的培养目标和特殊人才的规格所决定的，课程是教育活动的核心，课程内容是构成系统的要素，集中反映了高等职业艺术设计教育的特性和功能，合理的课程设置是人才规格准确定位的基础。

本艺术设计系列教材编写的指导思想从教学实际出发，以高等职业艺术设计教学大纲为基础，遵循艺术设计教学的基本规律，注重学生的学习心理，采用单元制教学的体例架构使之能有效地用于实际的教学活动，力图能贴近培养目标、贴近教学实践、贴近学生需求。

本艺术设计系列教材编写的一个重要宗旨，那就是要实用——教师能用于课堂教学，学生能照着做，课后学生愿意阅读。教学目标设置不要求过高，但吻合高等职业设计人才的培养目标，有良好的实用价值和足够的信息量。

本艺术设计系列教材的教学内容以培养一线人才的岗位技能为宗旨，充分体现培养目标。在课程设计上以职业活动的行为过程为导向，按照理论教学与实践并重、相互渗透的原则，将基础知识、专业知识合理地组合成一个专业技术知识体系。理论课教学内容根据培养应用型人才的特点，求精不求全，不过多强调高深的理论知识，做到浅而实在、学以致用；而专业必修课的教学内容覆盖了专业所需的所有理论，知识面广、综合性强，非常有利于培养"宽基础、复合型"的职业技术人才。

现代设计作为人类创造活动的一种重要形式，具有不可忽略的社会价值、经济价值、文化价值和审美价值，在当今已与国家的命运、社会的物质文明和精神文明建设密切相关。重视与推广设计产业和设计教育，成为关系到国家发展的重要任务。因此，许多经济发达国家都把发展设计产业和设计教育作为一种基本国策，放在国家发展的战略高度来把握。

近年来，国内的艺术设计教育已有很大的发展，但在学科建设上还存在许多问题。其表现在优秀的师资缺乏、教学理念落后、教学方式陈旧，缺乏完整而行之有效的教育体系和教学模式，这点在高等职业艺术设计教育上表现得尤为突出。

作为对高等职业艺术设计教育的探索，我们期望通过这套教材的策划与编写能构建一种科学合理的教学模式，开拓一种新的教学思路，规范教学活动与教学行为，以便能有效地推动教学质量的提升，同时便于有效地进行教学管理。我们也注意到艺术设计教学活动个性化的特点，在教材的设计理论阐述深度上、教学方法和组织方式上、课堂作业布置等方面给任课教师预留了一定的灵活空间。

我们认为教师在教学过程中不再主要是知识的传授者、讲解者，而是指导者、咨询者；学生不再是被动地接受，而是主动地获取。这样才能有效地培养学生的自觉性和责任心。在教学手段上，应该综合运用演示法、互动法、讨论法、调查法、练习法、读书指导法、观摩法、实习实验法及现代化电教手段，体现个体化教学，使学生的积极性得到最大限度的调动，学生的独立思考能力、创新能力均得到全面的提高。

本系列教材中表述的设计理论及观念，我们充分注重其时代性，力求有全新的视点，吻合社会发展的步伐，尽可能地吸收新理论、新思维、新观念、新方法，展现一个全新的思维空间。

本系列教材根据目前国内高等职业教育艺术设计开设课程的需求，规划了设计基础、视觉传达、环境艺术、数字媒体、服装设计五个板块，大部分课题已陆续出版。

为确保教材的整体质量，本系列教材的作者都是聘请在设计教学第一线的、有丰富教学经验的教师，学术顾问特别聘请国内具有相当知名度的教授担任，并由具有高级职称的专家教授组成的编委会共同策划编写。

本系列教材自出版以来，由于具有良好的适教性，贴近教学实践，有明确的针对性，引导性强，被国内许多高等职业院校艺术设计专业采用。

为更好地服务于艺术设计教育，此次修订主要从以下四个方面进行：

完整性：一是根据目前国内高等职业艺术设计的课程设置，完善教材欠缺的课题；二是对已出版的教材，在内容架构上有欠缺和不足的地方，进行调整和补充。

适教性：进一步强化课程的内容设计、整体架构、教学目标、实施方式及手段等方面，更加贴近教学实践，方便教学部门实施本教材，引导学生主动学习。

时代性：艺术设计教育必须与时代发展同步，具有一定的前瞻性，教材修订中及时融合一些新的设计观念、表现方法，使教材具有鲜明的时代性。

示范性：教材中的附图，不仅是对文字论述的形象佐证，而且也是学生学习借鉴的成功范例，具有良好的示范性，修订中对附图进行了大幅度的更新。

作为高等职业艺术设计教材建设的一种探索与尝试，我们期望通过这次修订能有效地提高教材的整体质量，更好地服务于我国艺术设计高等职业教育。

　　人类居住的生活空间，可以说是被各种立体造型包围的空间，是由自然物体和人工物体组成的立体空间的世界。立体空间对我们来说并不陌生，从生命形成之时起，我们就以立体的形态占据着一定的空间并拥有独存三度空间的体验（图1～图4）。可以说这种空间意识或对空间的直觉是人类心灵最基本的能力，即渴望占领更大的空间的能力。学习空间构成就是要开发出人的这种空间潜力，探索人类对空间的认知程度、接纳程度和抗拒极限，加强对多向空间结构的研究。

　　对空间构成的学习，分析立体构成的各元素、构成法则，将使学生掌握观察立体、把握空间、创造空间的方法，最终启发他们的创新意识。在课程练习中的构成作品并不是我们所必需的最后结果，它所反映的构成中的出发点和经过，才是我们教学中应该备受关注的重点。空间构成过程可以提高对空间深度的领悟能力、立体意识，对生存空间形成全方位的思考模式。这不仅利于艺术全方位的创作与欣赏，也利于现代的思维方式，由简单的平面思维转化为复杂的立体思维，由规范的几何造型转化为自由的有机形，由直线性思维转化为非线性思维。

　　空间构成，涵盖了物理空间和心理空间两大方面的内容。其中，物理空间是指由物质实体所界定封闭的空间;心理空间则是由物理空间的位置、大小、尺度、形态、色彩、材质、肌理等视觉要素所引发的力象空间感受。"构成"则是通过形态分析方法所获得的空间创造技巧，以"形态—人—空间"的有机统一性为原则，以人类所特有的综合能力和独创能力去变更置换形态元素，进而探索新的空间形态组合形式与规律。空间构成通过逻辑性抽象思维与形象思维的有机结合，大大提升了设计者空间形态构想的时效，是行之有效的培养建筑、环境艺术、展示设计等设计师的研学法之一。通过对空间构成概念、方法、规律、工艺、技巧的学习与研究，我们可以获得个人创造性能力的开发、空间意识的加强、空间设计与表达技巧的提升等多方面的综合性功效。学习空间构成，可以培养和提高造型能力，训练我们对形式规律的掌握与运用，更重要的是建立新的思维方式和造型观念，达到丰富艺术想象力和启发创造力的目的。空间构成的学习能让设计者在未来的空间设计中有独特的构思，对空间形态的合理组合以及美的独特感觉。学生经过空间构成课程的练习后，在观念和审美意识上，能够从旧有的模式中逐渐地解放出来，从而具备发现、捕捉艺术感和价值的创造力。而构成的学习属于设计基础训练的范畴，它是今后设计创作的一个准备阶段，它能将未来的空间设计创作变成一种自然而深入的创作，而非一种盲目的状态;它能培养设计者从不同的角度出发，找到一个合适的点或定位来进行设计创作，做到有的放矢，并且还能培养一种对事物敏锐的观察力。

开发个人的探索精神和提升个人的综合素质是21世纪创造型设计人才的培养重点。空间构成有其自成一体的属于自己的空间形式语言系统，探讨与研究空间形式语言对于学生深刻理解空间有着深远而重大的意义。

"空间构成"，在内容上与"立体构成"有交叉；二者在形式表达层面上，例如统一与变化、重复与韵律等方面是一致的。但二者之间更多的是差异与不同。"立体构成"探讨的是物质构成的基本形式美的原则，而"空间构成"侧重的是空间所独有的形式原则，这些内容仅仅存在于空间之中，而且将其视为形式语言来表达。

图 1

图 2

图 3

图 1 阿拉伯联合酋长国第二大城市迪拜的伯瓷（Burj Al Arab）酒店。它以其风帆状造型闻名于世，是世界上最豪华的酒店之一。在开阔的海面上矗立的帆形建筑，在空间设计上就具有极强的景观效果

图 2 云南丽江古老街道，宜人的空间尺度吸引了大量的中外游客

图 3 德国柏林犹太人博物馆内部空间，以不规则的几何线状开窗形式，塑造了独特的内部空间

图 4 中国古典园林空间，典雅精致，是我们学习空间的最好例子

图 4

一、教程基本内容设定

空间构成设计是室内设计和环境艺术设计专业方向的一门基础性较强的课程，对空间形态构成的设计概念、方法原理和规律技巧的学习研究，与形象思维有机结合，能帮助学生学习空间构成元素及形态的构想、组织与模拟。

我们是根据高等职业教育培养应用型设计人才的目标要求、依照目前国内高校室内设计课程教学大纲来确立本教程的体例架构与本课程的特定性质和任务的。

本教程的基本内容设定为：

1.空间构成。本单元以理论阐述为主，使学生了解空间构成的基础知识和概念。

2.空间认知。本单元的重点是让学生掌握空间构成认知理论和影响因素。

3.单一空间构成。本单元阐述了单一空间的概念、分类和设计方法。

4.组合空间构成。本单元阐述了组合空间的概念、分类与设计方法，重点是引入解构主义理念，通过表面重构的思维与制作方法，学生在空间构成的学习中开拓思路，引发更新、更广的空间设计思维方式。

以上述4个教学单元板块构成一个由设计原理、设计方法到艺术表现与具体实作的由浅入深的教学进程，体现了教学循序渐进的科学性，吻合学生的接受心理。根据应用型设计人才的培养规格，应用性是本教程的重心。有良好的实用价值和足够的信息含量，不仅能有效地应用于实际教学活动，同时也为环境艺术设计专业学生提供了进一步自学深化提高的空间。

二、教程预期到达的教学目标

空间构成设计作为高等职业教育环境艺术设计专业的一门重要课程，对培养学生的空间创造设计应用能力具有重要的作用，对形成学生综合的空间思维能力与空间设计技巧的基本专业素质有重要的影响。

本教程的总体教学目标就在于对学生这种基础性应用能力的培养，通过对学生的思维和构造能力的训练，通过对形态、空间造型等问题的探讨以及对空间审美认识的提高，引导设计者摆脱习惯性的各种造型（具象干扰）的影响，培养设计者对造型的感受力、直观力、计划性、发展性和独创性。

三、教程的基本体例架构

本教程的基本体例架构与其他设计教材重要差别在于其突出的教学实用性，贴近教学实践、设计教学规律、学生学习心理，在依据专业教学大纲规定的总学时的基础上，划分为几个内涵不同,循序渐进的教学单元，提供一个科学合理的教学模式与运行方法。在确立的每个教学单元中，有明确的教学目标、具体的教学要求、教师及学生应把握的重点、单元作业命题、教学过程注意事项提示、教学单元结束时小结要点、思考题及课余作业练习题等。

根据教程要达到的总的培养目标及各教学单元目标拟定相关的作业命题，作业设置具有典型性和概括性，作业难度由低到高，使学生能通过几个教学单元的空间构成设计实践训练，培养出在空间构成设计方面应具备的综合运用能力。

四、教程实施的基本方式与手段

本教程实施的基本方式为任课教师讲授、优秀设计作品图示、课堂制作辅导。任课教师的理论讲授是一种传统的教学方式，但却是不可忽视而行之有效的教学法，尤其对学生空间设计理念及原理的灌输有着重要的作用。教学效果的好坏全在于任课教师理论素养的高低和备课情况是否充分深入。本教程为任课教师的理论讲授提供了良好的基本框架。

空间构成设计在教学中自始至终离不开具体的空间及造型，为达到良好的教学效果，增强学生对空间设计原理的理解，直观式的教学手段必不可少。为此必须借用多媒体等现代教学手段，进行图像式教学，对国内外优秀的建筑室内空间设计作品进行分析讲解，将理论的基本原理与观念融于直观的设计作品之中，帮助学生直观形象地把握设计理论与设计方法技巧。

作业阶段大部分是安排学生动手制作模型。学生通过亲自动手动脑的制作与思考，将会更好地训练与深化所学内容，并且在制作的过程中启发自己的创造性思维。

五、教学部门如何实施本教程

本教程作为一本应用性很强的设计教材，可直接有效地应用于设计教学活动，任课教师可依据它展开教学活动，从而使教学活动有章可循，纳入科学合理系统的轨道之中。学生有了本教程，可以做到对教学心中有数，从而进行自主学习。对于设计教学管理部门来说，本教程的使用将能提供一种科学合理的教学模式，一种新的教学思路，将会有效地规范无序的教学活动与教学行为，有效地推动设计教学质量的提高，帮助实施有效的教学管理;还可以以教程为依据检查任课教师的教学质量及学生的学习进度，从而对空间构成设计这门课程的教学情况做出正确的评估。

六、教学实施的总学时设定

本课程考虑到与设计基础课及其他相关课程的衔接，同时考虑到与学生认识把握的心理素质相适应，原则上建议安排在二年级上期，总课时设定为64学时左右。课时数可根据学生和本教学部门的实际情况适当的增加，但不得少于规定学时。

七、任课教师把握的弹性空间

艺术设计教学与一般教学不同在于有鲜明的个性化特点，必须尊重任课教师在教学活动中的创造性与灵动性，不能完全受到条条框框的约束，因而作为教学活动实施的教材必须预留一定的弹性空间，才有助于任课教师主动性的发挥。

本教程任课教师可以把握的弹性空间主要体现在以下三个方面：

首先在空间构成理论的阐述上，不求过全过深，选择重点，简洁明确，易于把握。没有过深的理论层面，重点确立在技术层面上。这样就为任课教师的讲课留下了相当大的空间，任课教师可以根据学生素质的高低，以本教程表述的基本理论为基础，在构成基本理论和观念的表述上作深浅适度的变化，融入任课教师自己独到的观点和见解，使设计教学活动不仅规范合理，而且充满生动活泼的个性化特色。

其次，在教学方法和教学组织方式上，本教程未做任何具体的规范，给任课教师留下了绝对的自由度。我们认为当代艺术设计教师在教学活动中，不应该仅仅是知识的传授者、讲解者，而应该是组织者、引导者。因此任课教师根据自己的教学思维，采用符合培养目标的最恰当的教学方法和教学组织方式十分重要，我们建议任课教师应该综合运用多种教学方法、灵活多变的教学组织方式，最大限度地调动学生的学习积极性与主动性，引导学生去主动地获取，而不是被动地接纳。

最后，在每个教学单元作业命题上，我们除了设定了命题作业外，还另外拟定了与命题相关联的作业，其目的是为任课教师提供一个思考选择的空间，便于他们根据本校专业设置的不同情况和学生素质的不同，选择最符合教学对象心理与潜质的作业命题，从而创造最佳的教学效果，培养出最具设计综合能力的高等职业教育设计人才。

目录
Contents

空 间 构 成

一、空间构成课程的功能、目的及要求

本课程通过对空间形态构成的设计概念、方法原理和规律技巧的学习研究，与形象思维有机结合，帮助学生学习和掌握关于空间构成元素及形态的构想、组织与模拟。空间构成是建筑、环境艺术、展示设计等空间设计的基础课程之一，它可以帮助学生：

1. 开拓思维，启发设计的原创性。

2. 培养空间感觉，为进一步学习相关的空间设计课程打下良好的基础。

3. 发展表现技术。

本课程着重研究各种"视觉构成关系"（也可称之为空间构成关系）的系统方法，并试图通过空间各要素与思维的有机组织以锻炼学生的空间感、量感以及主体感。（图1-1～图1-3）

图1-1 同学们在制作

图1-2 同学们在制作

图1-3 同学们在展示自己的作品

二、空间构成理论基础

（一）空间的基本概念

"空间"（Space）在《辞海》中解释为"物质存在的一种形式，是物质存在的广延性和伸张性的表现……空间是无限和有限的统一，就宇宙而言，空间是无限的，无边无际，就每一具体的个别事物而言，则空间又是有限的……"空间是指与实体相对的概念，按照哲学的观点来解释，凡是实体以外的部分都是空间，空间是无形的、不可见的。从另一个角度来说，空间又是"由一个物体同感觉它的人之间产生的相互关系所形成"。"空间"在哲学上与"时间"一起构成运动着的物质存在的两种基本形式。它是物质存在的一种客观形式，由长度、宽度和高度来表示。

空间和时间具有客观性，同运动着的物质不可分割。没有脱离物质运动的空间和时间，也没有不在空间和时间中运动的物质。空间和时间是无限和有限的统一。就宇宙而言，空间无边无际，时间无始无终；而对各个具体事物来说，则是有限的。

空间构成所研究的是实体与虚体间的存在关系，对个体形态研究的目的就在整体形态的应用之中。证明实体"有"很容易，证明虚体"无"却很难，但是空间对于设计又是如此的重要。在城市中，空间是城市特征物质表现，它是城市中最易识别、最易记忆的部分，是城市特色的魅力所在。曾几何时，我们的设计师们关心得更多的是建筑单体，把主要精力放在对建筑造型的处理上，把建筑看做是一种造型艺术，如同一个雕塑品；而不去强调建筑的内部空间，更忽略了建筑外面的虚空间。而事实上，城市中正是因为有了虚空间，才形成了张弛有度的格局和有序的空间形态（图1-4、图1-5）。因此，在城市设计中对虚空间的处理越来越受到人们的重视。人们对城市的认识往往是与其富有特色的城市空间分不开的：如谈到北京（图1-6），人们会想起故宫；谈起重庆，人们会联想山水之城（图1-7）；说起西安（图1-8）人们会谈到古城墙；而谈到上海（图1-9），也不会忘了外滩优美的城市轮廓线……这种记忆是一种文化，会深深地根植在民族群体记忆中，并且永远传递下去。

对于空间而言，将有着更深远的内容等待大家的探索和发现。

从建筑学的角度，无论城市或建筑其实用的部分主要都是空间。例如，城市形

图1-4 香港繁华的建筑景象，高低错落，异彩纷呈，给城市以丰富的空间形态

图1-5 香港热闹的街道空间，车水马龙，人群熙攘，形成独特的城市景观

图1-6 北京故宫，宏伟的古代宫殿建筑群，是北京，是中国的骄傲

图1-7 两江交汇的美丽城市——重庆，以其独特的山水城市空间而驰名中外

图1-8 六朝古都的西安，古老雄伟的城墙形成了城市独特的空间形式

图1-9 上海外滩，优美的水边轮廓线

体环境是由各种实体即建筑物、构筑物、道路、树木等构成的（图1-10）。由这些实体组成的外部空间即为城市空间。一栋建筑加一栋建筑并不只等于两栋建筑，它们形成了一个第三空间，即一个室外空间，可称之为空间体或负空间（图1-11）。空间的形态是一种客观存在，由在其中活动的人去感受。《辞海》中对"形态"的解释是"形态和神态"，也指"事物在一定条件下的表现形式"。空间形态是物质的，神态是由人去感受的，是精神的。因此可以认为，空间形态具有物质与精神的双重属性。人是空间的主体，是空间的创造者和感受者。没有人的存在，空间形态就没有意义。

空间组成的实质是对"无"的限定，限定是在无限中构成有限，使无形化为

图1-10 城市形体环境是由各种实体即建筑物、构筑物、道路、树木等构成的

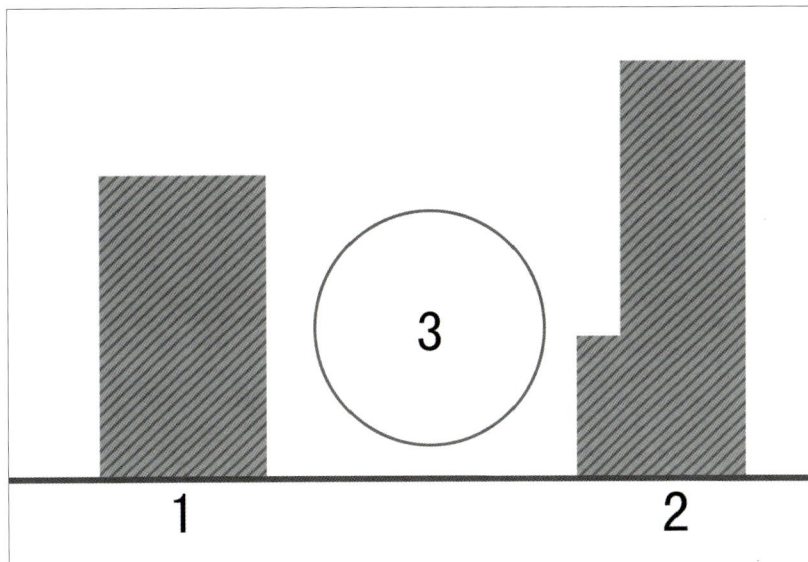

图1-11　一栋建筑与一栋建筑间形成的第三空间

图1-12　伞为他们提供了一个相对私密的空间

有形,以"有"来限定、设计"无"的过程。

即便在日常生活中,人们也经常无意识地在创造空间。例如:男女两人在雨中同行时,由于撑开了雨伞,在伞下产生了卿卿我我的两个人的天地(图1-12)。收拢雨伞,只有两个人的空间就消失了。又如:有时去野餐,在田野上铺上毯子(图1-13)。由于在地上铺上了毯子一下子就产生出从自然界当中划分出来的一家团圆的场地。收掉毯子,即又恢复成原来的田野。再如:由于街头表演而周围集合的群众,产生了以艺人为中心的一个紧张空间(图1-14)。表演结束,群众散去,这个空间就消失了。因此空间本身具有不确定性,完全依靠形式要素来限定它的界限。正如老子有句名言:"埏埴以为器,当其无有器之用。凿户牖以为室,当其无有室之用。是故有之以为利,无之以为用。"实际上,捏土造器,其器的本质也不再是土,在它当中产生了"无"的空间。

而空间的重要性也反映在空间与其中的活动互为表里,即特定地段的空间形

图1-13　在郊外的草坪铺上一块地毯,就产生了一个空间,适合全家人的野外聚餐

图1-14　街头艺人的表演吸引路人,以他为中心形成一个临时的空间

式、地点和特征会吸引特有的功能、用途和活动。行为也趋向于设置在最能满足它要求的场所。空间是具有空间力的。如果行为的目的是有意识的，那么空间就反映促进或是妨碍行动的程度。适当大小的空间，加上适宜的气候、环境条件，以及适当的设施，人类的行为会变得舒适且做事效率提高（图1-15、图1-16）。反之，则反。这就是空间力的促进和阻碍作用。另一方面，如果行为的目的不明确，例如，在空间中很自然地出现某种行为,则此空间可能存在诱发或是启发某种行为的因素（图1-17）。因此设计合理的空间形式对构筑和谐社会人文秩序将是至关重要的。

图1-15 格调高雅静谧的博物馆空间使观众能聚精会神地欣赏展品

图1-16 室外休闲水景为城市中的人们提供了一个亲水空间

图1-17 在城市空间中,没有适合人群休息的设施,等待的人们只能坐在阻车栏杆上

（二）构成的基本概念

所谓"构成"，是综合某些素材组装成一个新的对象之意。而"将几个部分整理成一个整体"可以说是造型活动的全部工作。与描写、写生、装饰等操作相比，构成更长于理性因素。例如圆和直线的组合、球体和方柱的组合等，即使不是什么物的描写，也没有附加意义的操作，都可称为"构成"。这个词语源于第一次世界大战后作为新艺术运动在前苏联兴起的构成主义（Constructivism）（图1-18～图1-20）。构成主义摒弃为美而美的古老艺术，追求实用性、构成性的机能，创造了产业与大众相结合的造型。作为其准备阶段的基础作品，则盛行用各种各样的材料做自由组装。这种观念和方法由莫霍里·纳吉带入德国的包豪斯教育中，并建成设计基础的教学体系。构成主义强调："空间和时间组成了构成艺术的中枢"。构成主义的艺术家力图用表现材料本身特点的空间结构形式作为雕塑和绘画的主题，试图创造一种将绘画、雕塑和建筑等造型艺术综合的氛围。在艺术形式上，构成主义追求抽象形态的空间动势和变化之构成，并努力探索艺术造型材料的丰富性和形式的多样性，其构成形式突破和跨越了传统美术的分类范畴。

图1-18 蒙德理安的"红蓝椅"是构成主义的代表作

图1-19 构成主义的巨大红色雕塑简洁大气，具有很强的视觉冲击力

图1-20 室内设计也使用构成主义的手法，形成独特的空间印象

"构成"，是通过形态分析方法所获得的空间创造技巧，以"形态——人——空间"的有机统一性为原则，以人类所特有的综合能力和独创能力去变更、置换形态元素，进而探索新的空间形态组合形式与规律。这就是说构成是以形态和材料为素材，按照视觉效果、力学或心理学原理进行组合。它本来并不是具有实用目的的造型，也不是19世纪的装饰主义，但是人们却经常把在机能主义、合理主义下进行的造型活动叫做"构成"。为了区别这二者，可以把前者叫做"纯粹主义"，把后者叫做"目的的构成"。

构成理论是人们在长期艺术创作中对造型规律的认识和总结，对现代设计影响深远。随着社会经济水平不断提高，人们对于设计领域有了更高的要求，构成的学习在设计领域里占据了极高的比例，甚至完全控制着整个设计的创意思想和形式。因此，学好构成的意义也就显而易见了。

（三）构成空间的基本要素

空间本身是无限的，依靠形体要素来限定出有限的具体空间。

空间和实体是相互依存，不可分割的。设想一个美丽的广场周围的建筑都沉入地下而失去了支持它的空间，那么建筑和广场都失去了意义。而剖析空间的构成，点、线、面、体是基本要素，点是所有形式之中的原生要素，其余要素都是从点派生出来的。

点、线、面、体的组合、砌垒形式决定了空间构成的特征，构成的形态要素之间呈复杂的互动性，探索构成形态要素之间的心理特征和视觉关系是十分重要的。

1. 点的视觉特征

点是平面几何物"点"的三维化。活泼多变，是构成一切形态的基础，具有很强的视觉引导作用，但视觉效果较弱。

点在几何意义上的定义是："只有位置而不具有大小面积，是零次元的最小空间单位。"如在线的两端、线的转角处、圆的中心等处都有点的存在。但以造型学的观点而言，点是具有空间视觉位置的。在理论上虽没有三维的连续性和扩张性，也没有一定的尺度界定，但实际上却具有相对的面积和形状。对点的判断完全取决于它与其存在空间的关系。无论它的面积多大、以何种形式出现，只要它在整体空间被认为具有凝聚性而成为最小的视觉单位时，都可以称为点。点是相对较小而集中的立体形态。现实世界中的点有形态、大小、方向以及位置，由于地球的引力其位置不可能单独存在，必须靠自身的动能或其他物体的牵引或支撑来实现。点的设置可以引人注意，紧缩空间。在造型活动中，点常用来表现强调和节奏。点的不同排列方式，可以产生不同的力度感和空间感(图1-21～图1-23)。

（1）点的力度感

沿着高或宽一个方向，较近距离放置的点，由于张力会产生线的感觉。较小的点易于被大的点吸引，使视觉产生由小向大的移动。点的有序排列，可以产生连续和间断的节奏感与线形扩散效果。

沿着高宽两个方向或高宽纵三个方向，较近距离放置的点，容易产生面或者体的感觉；点的放置距离越大，越容易产生分离的效果；点的放置距离越近，越容易产生聚积的、结实的效果；点的放置距离越远，越容易产生疏的、轻盈的效果。

图1-21 大连城市形象的足球雕塑，在绿地空间里形成一个焦点

图1-22 外太空的星云离散的点

图1-23-1 室内设计的弧形墙面采用点的图案，具有非常强烈的透视感和进深感

图1-23-2 利用材料制作的点的聚合与分离的效果

图1-23-3 韩国崇礼门外小广场的点状构成物，限定了一个围合的空间

图1-24　多利安柱式体现出男性特征的粗壮有力,线条果敢

图1-25　奥尼柱式的女性特征线条柔美,装饰丰富

图1-26　海平面广阔无垠,产生横向的扩张感

（2）点的空间感

空间中居中的一点会引起视知觉的稳定感和注意力集中的效果。点在空间的位置上移时有漂浮感产生,反之有跌落感产生。点的位置移至上方一侧,产生的不安定感更加强烈。当点移至下方中间时,产生踏实的安定感。点移至左下或右下时,踏实安定之中增加动感。

由大到小渐变排列的点,产生由强到弱的运动感,同时产生空间深远感,能加强空间变化,起到扩大空间的效果。

点材常与其他材料构成支撑关系,往往和线材、面材、块材的构成相结合形成效果。

2．线的视觉特征

线的几何学定义是:"点移动的轨迹,只有位置以及长度,而不具有宽度和厚度。"但造型学上的解释表明,线是一种具有长度的"一度空间"或"一次元空间"。造型上的线,虽然以长度的表现为主要特征,但只要它的粗细被限定在必要的范围内,而且与其他视觉要素比较仍能显示出充分的连续特质,都可以称为造型学上的线。

线材是以长度单位为特征的型材。无论直线或曲线均能呈现轻快、运动、扩张的视觉感受。线是相对细长的立体形态。线有强烈的轻快感、紧张感与较强的表现力,犹如人的骨骼支架。

现实世界中的线有着不同的形态和不同组合方式,可以构成千变万化的空间形态。不同的线型有着不同的语义,例如粗厚的线刚直有力,细薄的线柔弱委婉。

线从形态上大致可分为直线（包括水平线、垂直线、斜线和折线等）和曲线（包括弧线、螺旋线、抛物线、双曲线以及自由线）两大类。

（1）线的性别感

线的形态能反映性别特点,这早在古希腊时期的神庙柱式中就有所表现。如多利安柱式的男性特征和爱奥尼柱式的女性特征充分表达了两种不同形态的造型语义（图1-24、图1-25）。从心理和生理角度来看,一般情况下直线具有男性特征,能够表达冷漠、严肃、紧张、明确而锐利的感觉。而曲线具有女性的性格,能够表达幽雅、优美、轻松、柔和,富有旋律的感觉。

（2）线的动感

线的运动感与线的方向关系很大。以下线条具备各自独特的造型语义:

水平线:水平线能使我们联想到地平线,水平线的组织能产生横向扩展感。因此水平线能表达平稳、安静、广阔无垠的感觉。（图1-26）

图1-27　跨海桥梁的垂直线给人感觉非常有力度

图1-28　垂直线的组合雕塑,形成一种强烈的秩序感

垂直线:由于它是与地平面相交的直线形体,故能形成与地球引力相反方向的力量,显示出一种强烈的上升与下落的力度和强度,能表达严肃、高耸、直接、明确、生长、希望的感觉。(图1-27、图1-28)

斜线:斜线的动势造成了不安定、动荡和倾倒感。向外倾斜,可引导视线向深远的空间发展;向内倾斜,可引导视线向线的交汇点集中。(图1-29、图1-30)

螺旋线:人们熟悉的螺旋线是最富有动态和趣味的曲线,几千年成为许多文化中常用的装饰要素。(图1-31)

(3)线的理智感

线的理智感与线的动态关系很大,一般情况下,直线最为理智,其次是几何曲线。几何曲线包括圆、椭圆、抛物线等,它们能表达饱满、有弹性、严谨、明快和现代的感觉。由于制作直线要借助绘图仪器,因此也带有机械的冷漠感和理智感。(图1-32)

在一般情况下,自由曲线是比较激昂热情的。自由曲线的产生有两种情况:一种是我们人类在情绪的感染下徒手绘出的线条,如优美的波浪线,或者是一种自然的、激愤的、跳跃性的线形;另一种是自然界中自然形成的,如大自然的闪电所形成的自由曲线具有强烈流动感。(图1-33~图1-41)

图1-29　比萨斜塔,倾斜的线条给人以不稳定的感觉

图1-30　雕塑的倾斜线条设计,带来强烈的运动感

图1-31　梵蒂冈博物馆闻名遐迩的旋转楼梯

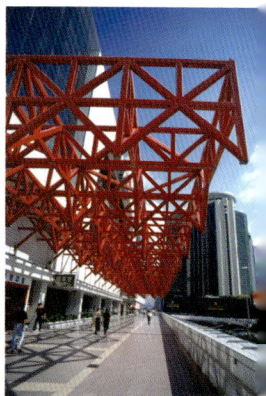

图1-32　建筑物入口的红色线状网格,形成了一个非常醒目的空间

图1－33　大跨距室内空间采用透光性帷幕玻璃墙,网格状的支架彰显高技术的魅力

图1－34　上海科技馆内部钢结构优美的弧线,形成强烈的律动感

图1－35－1　大跨距室内广场全采用透光性帷幕玻璃墙

图1－35－2　巨大抛物线的雕塑

图1-36 玻璃顶棚的支架形成的线条具有空间的深透感

图1-37 长城逶迤的身姿,是线条美感的代表

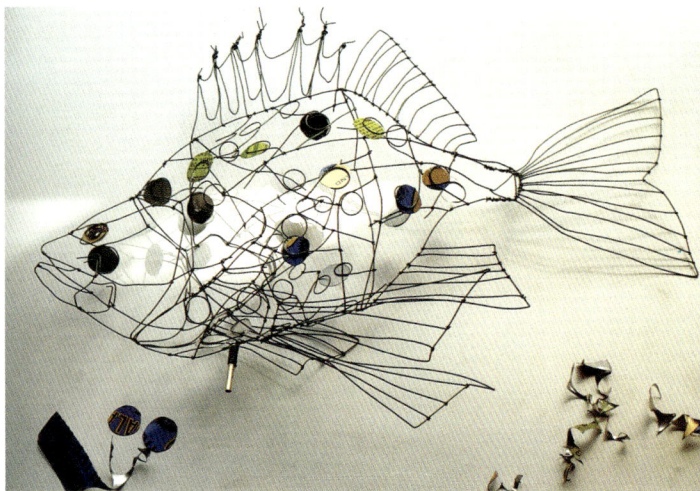

图1-38 线条的制作,同样可以产生一个抽象的物体造型

图1-39 上海地铁出入口设计,是一条抛物线的形状,配合玻璃和网状构架,轻盈优美

图1-40 曲线的建筑在方块的建筑世界里显得特别突出

图1-41 一座自然弯曲的曲线桥,在景观中成为主角

3.面的视觉特征

"面"在几何学上的定义是"线的移动轨迹",同时也是"立体的界限或交叉"。但造型学认为,面是一种形,它是由长度和宽度两个次元所共同构成的"二度空间"或"二次元空间"。面是具有比较明显二维特征的薄的形体。它虽然有一定厚度,但其厚度与长宽的比要小得多,否则就成了体。面材通常指面状即面积比厚度大很多的材料。在现实生活当中,由块体切割所形成的面,或由面与面之间的集聚的构成随处可见。面有延伸感、扩张感、充实感,有覆盖遮挡的特征。(图1-42~图1-47)

图1-42 莲花寺庙的建筑外形体现了面的柔美

图1-43 中国国家大剧院优美曲面

图1-44 直块面弯折的雕塑,配合鲜艳的色彩,现代感极强

图1-45 西班牙古根海姆博物馆随意神奇的曲面建筑造型,为建筑史上的新奇之作

图1-46 曲面形成建筑体三角形的设计,感觉稳定

图1-47 罗马千禧教堂

面有着强烈的方向感，面的不同组合方式可以构成千变万化的空间形态。

面的种类很多，决定其面貌的主要因素在于外轮廓线。面从空间形态上可分为平面和曲面两种形态。平面有规则平面和不规则平面之分，可细分为几何形、有机形、偶然形和不规则形。曲面也有规则曲面和不规则曲面之分，可细分为几何曲面和自由曲面。由于规则的面基本上是在严谨的数理原则下产生的，带有理性的严谨感，易于表达抽象的概念。这种面形是现代艺术家们喜欢用的表现要素，比如塞尚就提倡在自然现象的混乱之下要看到几何实体的艺术表现形式，正是他的思维方式启发了毕加查德维克等人进行立体派的创作。

（1）面的柔美感

面的柔美感主要体现在圆形面的表现上。因为圆形总是封闭的，具有饱满的、肯定的和统一的视觉效果，能表现滚动、运动、和谐、柔美的感觉。

（2）面的严肃感

面的严肃感主要体现在一些与圆形相对的方形面的表现上。其中长方形、矩形以直角构成，能表达单纯、严肃、明确和规则的特征；平行四边形有运动趋向；正方形更具有稳定的扩张感。

（3）面的运动感

面的运动感主要体现在三角形面表现上。三角形以三边和三角构成特点，能表达简洁、明确、向空间挑战的感觉。正三角形体平稳安定；倒三角形体极不安定、呈现动态的扩张和幻想状态。

（4）面的随意感

面的随意感主要体现在不规则面的表现上。不规则面的基本形式是指一些毫无规律的自由形，包括任意形、偶然形和有机形。任意形潇洒、随意，体现的是洒脱、自如的情感；偶然形具有不定性和偶然性，但往往赋予空间自然的魅力和人情味。例如图1-45，西班牙毕尔巴鄂古根海姆博物馆，是建筑大师盖里1991年开始设计的作品，博物馆选址于城市门户之地——旧城区边缘、内维隆河南岸的艺术区域，一条进入毕尔巴鄂市的主要高架街道穿越基地一角，是从北部进入城市的必经之路。从内维隆河北岸眺望城市，该博物馆是最醒目的第一层滨水景观。面对如此重要而富于挑战性的地段，盖里给出了一个迄今为止建筑史上最大胆的解答：整个建筑由一群外覆钛合金板的不规则双曲面体量组合而成，其形式与人类建筑的既往实践均无关涉，超离任何传统建筑习惯，他用随意的曲面造型塑造了独一无二的建筑。

4．块的视觉特征

块（体）在几何学上被解释为"面的移动轨迹"。在造型学上，块（体）被称为一种由长度、宽度和深度三个次元所共同构成的"三度空间"或"三次元空间"。块（体）因为占有实质空间，所以从任何角度都可以通过视觉和触觉感知它的存在。其存在的主要特征在于块（体）的量感表现，也就是它能体现体积、重量和内容量的共同关系。体的量感具有正量感和负量感两种不同的类型。简单地说，正量感就是实体的表现，而负量感则是虚体的存在，它是立体空间形态最为有效的造型形式。块材是形态设计最基本的表达形式，是具有长、宽、深（厚）三度空间的量块实体。块（体）的基本特征是占据三维空间，块（体）可以由围合而成，也可以由面运动形成。因为按照几何学的定义，立体是平面进行运动的轨迹。如一个方形平面，沿着一定的方向连续旋转运动，其轨迹可呈现为一个正方形或长方体，一个圆形的平面，以其直径为轴，进行旋转运动，其轨迹即可形成为球体表面。块（体）与外界有明显的界限。块（体）的语义表达与块（体）的量关系很大，大而厚的体量，能表达浑厚、稳重的感觉。小而薄的体量，能表达轻盈、漂浮的感觉。块（体）主要包括：几何平面体、几何曲面体、自由体和自由曲面体等。它有重量感、充实感，并具有较强的视觉效果。

（1）块（体）的简练沉着

块（体）的简练庄重感主要体现在几何平面体的表现上。几何平面体是以四个以上的平面，以其边界直线互相衔接在一起所形成的封闭空间的实体，如正三角锥体、正立方体、长方体和其他以几何平面所构成的多面立体。它们具有简练、大方、庄重、安稳、严肃、沉着的特点。如埃及的金字塔是以底部为正方形，四面为三角形的锥体造型，矗立在广袤的沙漠上，给人以稳定、恒久、锐利和醒目的感觉。（图1-48～图1-50）

图1-48 ADD建筑事务所设计的体块建筑，简练沉着

图1-49-1 埃及胡夫金字塔

图1-49-2　长城公社实验性建筑作品"手提箱"

图1-50　杭州某城市空间的景观小品设计,几种不同的块体尺寸的结合

图1-51　鹅卵石的美丽自然块体

（2）块（体）的优雅端庄

块（体）的优雅端庄感主要体现在几何曲面体和自由曲面体的表现上。几何曲面体是由几何曲面所构成的回转体,如圆球、圆环、圆柱等。它们的特征是：表面为几何曲面,秩序感强,能表达理智、明快、优雅和严肃又端庄的感觉。自由曲面体是由自由曲面构成的立体造型,如酒杯、花瓶等,其中大多数造型是对称形态。规则的对称形态加上变化丰富的曲线,能表达凝重、端庄又优美活泼的感觉。（图1-52）

（3）块的柔和流畅感

块的柔和流畅主要体现在自由块体的表现上。自由体包括的范围很广,最具代表性的是有机体。有机体是物体由于受到自然力的作用和物体内部抵抗力的抗衡形成的,它具有柔和、平滑、流畅、单纯、圆润的曲面形体,大多反映的是朴实而自然的形态。如河边的鹅卵石,经过河水的长年累月地冲刷,其内力膨胀,外表光滑细腻,显得充盈和富有动感,是一种优美的有机形态（图1-51）。自然界中最美的最复杂的有机体是人体,

图1-52　纽约城市的钢筋森林从高空俯视就是一组几何形态

图1-53　著名的悉尼歌剧院,贝壳状的设计体现了优雅、严肃和端庄的感觉

其自然流畅的曲线和柔和平滑的曲面，最富于弹性而充满活力。在设计中，经常使用有机体表现优美的造型。（图1-53）

（四）空间设计范围与空间设计

所谓空间，涉及的范围很广，大到整个宇宙，小到微观世界，都属于空间。所以在我们人类生活的环境周围存在着从大到小的、各式各样的空间。

宇宙空间：无边无际，没有尽头的空间。（图1-54、图1-55）

外层空间：靠近地球附近的、大气层以外的空间。（图1-56）

大气空间：地球表面以上的大气层空间。（图1-57、·图1-58）

图1-54　外太空空间，无边无际

图1-55　外太空美丽的星云

图1-56　外层空间漂浮的空间站

图1-57　大气空间层环绕着美丽的地球

图1-58　发射飞船需要极高的速度挣脱地心引力，冲出大气层

　　城市空间：街道、建筑、绿化、设施等所有城市视觉元素构成的空间。（图1-59～图1-61）

　　组团空间：以一组具有内在联系的建筑构成的城市的区域性空间。（图1-62）

　　街道空间：以两条平行的城市建筑构成的条状空间，具有线形的特征。（图1-63）

　　广场空间：以周围围合的城市建筑构成的面状空间，是城市街道空间的重要节点。（图1-64～图1-68）

图1-59　香港鸟瞰——繁华的城市空间

图1-60　巴黎城市空间

图1-61　安曼的城市空间，低矮的建筑群反映了山体的轮廓线

图1-62　城市小区的建设一般会以组团的形式呈现

图1-63　埃及亚力山大的街道空间

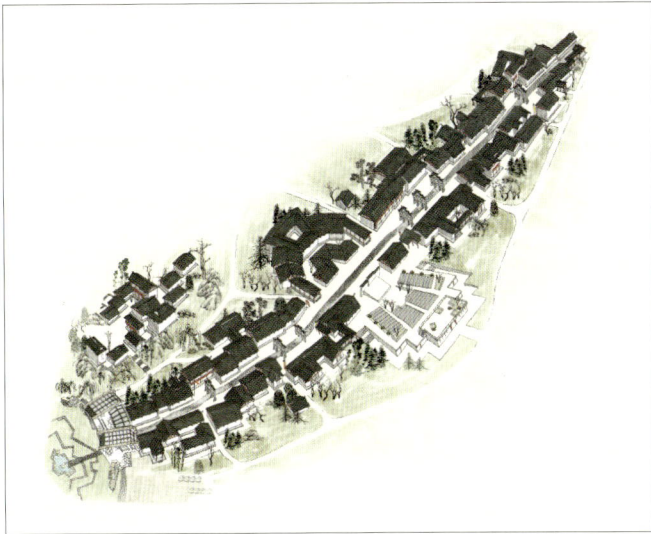

图1-64　重庆荣昌春牛坪古牌坊街

图1-65　济南泉城广场，成为城市表达其特色及市民休闲的地方

图1-66　威尼斯圣马可广场

图1-67　罗马圣彼德大教堂广场鸟瞰

图1-68　耶路撒冷哭墙广场见证一个民族的血泪史

建筑空间：以建筑物的各种视觉要素构成的内部和外部空间。

室内空间：建筑内部固定的表面装饰和可以移动的布置所共同创造的整体效果。

与环境艺术设计学科相关的是城市空间及其领属的空间，其尺度都是相对于人的尺度而言的，是人们可以感知的大小和限度，可以概括为：城市设计（城市规划）、景观设计、建筑设计、室内设计和家具设计。环境艺术设计是关于人类生活空间艺术化的学科，空间是贯穿我们学科所有设计的"灵魂"。

空间设计就是根据空间的特定要求，预先制定的三维形态方案与图样等。三维的空间形态是通过两维的空间界面限定围合而成的。在以下的内容里，我们将抛开功能等其他因素对空间的干扰，运用二维的界面来探讨纯粹空间的特性与构成方法，并结合实例加以说明。

单 元 教 学 导 引

目标	空间构成作为设计教育的基础课程，它不能仅停留在对立体空间形态的研究上，更在于对学生潜在的空间感受力、直观判断力、多向思维能力的综合性开发上。学生要通过具体的实践和训练，理解和掌握空间形态的创造原理和方法，从而做到科学地、系统地、全面地掌握空间构成的形式法则及创造构成规律，为今后的艺术创作和专业设计积蓄丰富的立体形象资料。 　　通过本单元的教学，同学们要认识理解空间构成的基本概念和原理，掌握构成空间的基本要素以及各要素的特征等。
要求	本单元要通过案例的介绍增加学生对空间构成设计基本理论的认识和了解。 　　教学中，应引导学生对空间构成设计的发展与同学们对空间构成设计的不同类型的认识等话题展开讨论，增强学生对基本设计理论的理解。
重点	体会和理解"空间"的概念。
注意事项提示	学习理论的目的不仅仅是为今后学生的设计实践打下坚实的基础，更重要的是培养学生的总结、讨论和思考习惯，不要为学理论而学理论。
小结要点	本单元的第一部分介绍了空间的基本概念以及学界对它的定义与阐释。通过实际图例说明了空间的产生，学生能对空间有最初始的认识。本单元第二部分介绍了"构成"，这是设计的基础，使学生能通过学习达到设计概念的由表及里、由具象到抽象的一个思维上的升华。第三部分的构成空间要素则是把形成空间的各种要素进行详细的分类剖析，通过掌握这些要素特征，学生达到从理解到分析到运用的良性过程。第四部分则简述了空间的类别以及我们所需要学习的空间的范畴。

思考题：

1.空间构成的原理以及基本概念？

2.构成空间的元素的各自不同的特征与其表达的语义？

3.空间的不同范畴有哪些？

4.空间的基本概念是什么？

5.构成产生的历史背景是什么？

6.构成的概念是什么？

7.空间构成的基本要素有哪些？

8.与人们生活紧密相关的是哪些空间形式？谈谈你对它们的评价和看法。

课余练习题：

查找3~5个建筑、环境艺术、室内设计等的实际案例，通过所学知识对其构成空间的元素进行拆分和分析，阐释其形成该作品空间特点的原因。

课余时间作业：

1.总结空间构成的概念。

2.讨论空间构成设计中如何科学合理地运用各基本要素，并举例说明。

3.讨论行为心理学在住宅空间设计中的应用。

作业命题缘由：

该教学单元着重讲解了空间的相关理论知识，学生学习理论知识后，应灵活运用，并能结合实际情况进行分析总结。

单元参考书目及网站：

金剑平　编著　空间构成艺术　安徽美术出版社

辛华泉　编著　立体构成　人民美术出版社

刘芳　苗阳　编著　建筑空间设计　同济大学出版社

当代设计　期刊　台湾当代设计杂志社

设计在线：http://dolcn.com/data/cns_1/

易居网：http://www.eju.cn/

单元作业：

根据教程单元教学内容及任课教师讲授后的体会，以"什么样的空间设计是理想的"为题，学生自行查找相关资料，认真阅读并作好2000字内的读书笔记，教师课堂提问，学生分组讨论。

单元作业设定缘由：

为使学生将单元教学内容融会贯通，初步确立一个基本的"以人为本"的设计观念与原则。

单元作业要求：

1.读书笔记必须重心突出空间设计"以人为本"的基本观念与原则。

2.读书笔记必须思路清晰，有自己明确的观点与看法，必须是自己的实际体会，不能下载抄袭。

3.读书笔记必须进行梳理，并在电脑上录入，打印在A4纸上（需配相应的图片说明），以备任课教师打分，记入单元成绩。

空 间 认 知

一、空间分类

"空间构成"涵盖了物理空间和心理空间两大方面的内容。物理空间是指由物质实体所界定封闭的空间，其判断离不开身体运动的经验，一般可以计量其占有的体积；心理空间则是由物理空间的位置、大小、尺度、形态、色彩、材质、肌理等视觉要素所引发的力象空间感受，是形体内力的运动，是看不见的。它是和实体不可分割的，存在于实体周围的空间，是通过心理活动来感受它的存在的。（图2-1、图2-2）

图2-1 2004年普利兹克建筑奖获奖者：扎哈·哈迪德建筑作品

图2-2 建筑空间既需要满足心理需求又需要满足物质需求。建筑构架的支撑和围合构成空间，人们使用的是空的部分

（一）物理需求空间

物理空间，是指实体所包围的，可测量的空间。人们建造各种空间的目的和使用要求称为建筑的功能，也就是创造物理空间为人所使用。物理需求在空间中占有重要的地位，"适用"一直是建筑的三大要素之一。自古以来，尽管空间的形式和类型千变万化，其产生原因也是多种多样，但无疑物理需求的满足在其中起到的作用是相当重要的。物理需求与空间一直是紧密联系在一起的，空间创造对人来说，真正具有价值的不是围成建筑物本身的实体外壳，而是当中"无"的部分，是所构造的空间，所以"有"（门、窗、墙、屋顶等实体）是一种手段，其实是靠"虚"的空间起作用的。马克思主义哲学中"内容与形式"的辩证统一关系能很好地说明物理需求与空间的关系：一方面物理需求决定了空间的形式；另一方面，空间形式又对物理需求具有反作用。

在建筑空间中，物理需求表现为内容，空间表现为形式，二者之间有着必然的联系，现代建筑理论中"形式追随功能"的说法就集中体现了这一点。例如，住宅的居室和学校的教室、图书馆的阅览室、工厂的车间等，由于物理需求不同而呈现出不同的空间形式；办公楼、商店、体育馆、影剧院等建筑物也由于不同的功能布局而具有各自独特的空间形态和空间组织方式。

由于社会发展向空间不断提出新的物理需求的内容要求，于是就出现了许多不同类型的建筑，反映在建筑空间形式上也必然是千差万别的。物理需求对空间的要求从来都不是静止的，而是一种时时刻刻都在发展变化的因素。物理需求的变化必然意味着新的要求与原有空间形式产生矛盾和对抗，随着矛盾的激化，将导致对旧有空间形式的否定，并最终产生新的空间形式。建筑历史的发展很好地说明了这一点。比如，古希腊的神庙建筑，因祭祀活动都在室外举行，建筑本身功能要求简单，所以平面多呈单一的矩形。伴随着时代的发展，建筑功能的要求日益复杂化、多样化，建筑空间的形式也相应地复杂起来。到了近代，社会生产力的飞速发展和科技、文化水平的突飞猛进带来了社会的巨大变革。对建筑的物理需求的复杂程度也发生了质的飞跃，过去传统的空间形式已经不能满足需要，这便导致了现代建筑空间的产生。现代建筑空间不拘泥于某种固定模式，而是根据物理需求随机地组合，因而呈现出灵活多变的面貌。随着对空间物理需求的日趋复杂，过多的变化变得捉摸不定，建筑师们又提出了"多功能性空间"的概念，一个大空间中不加任何分隔，在具体使用中再灵活布置。从空间的形式来看，这种满足多种物理需求的大空间似乎又回到了古代的单一空间形式上去了。

虽然物理需求对空间形式具有决定性的作用，但也不能忽视空间形式本身的能动性。一种新的空间形式出现以后，不仅适应了新的物理需求，还将促使物理的需求向着更新的高度发展（图2-3、图2-4）。例如，现代大跨度结构使得室内空间得以实现，从而也使室内的大型聚会成为可能，上万人观看的体育比赛可以不在露天举行。现代建筑冲破了古典建筑形式的束缚，在空间的分隔与组合方式上展示了极大的灵活性和多样性，很好地促进了建筑功能的全方位发展。由此可见，建筑空间形式并不只是一个消极、被动的因素，对物理需求具有很强的反作用，二者忽略任何一方都将阻碍建筑的正常发展。

图2-3　"鸟巢"——中国国家体育馆举办了2008奥运会，巨大的空间满足了大型体育活动的需要

图2-4　"水立方"建筑为2008奥运会水上比赛的场馆，独特的外观造型与巨大的内部空间满足了赛事需求

　　古罗马著名建筑理论家维特鲁威（Vitruvins）在《建筑十书》中提出实用、坚固和美观是建筑的三要素，其中实用便是指建筑的目的性，即建筑所创造的空间是否符合建造的目的。人们建造房屋，总要有一定的目的，获得实用的空间是主要目的。建筑的起源便是原始人为了遮蔽风雨、抵御寒暑、防止虫兽侵害而寻求的一个赖以栖身的场所——空间。建筑大师赖特（F.L.Wright）也认为房屋的存在不在于它的四壁和屋面，而在于其供生活之用的空间。单纯从某种角度来说，我们建造房屋时，不过是分划出大小不同的空间，并对其加以分隔和围护，一切建筑都是因这种需要而产生的。即使是纪念碑(图2-5)、实心塔等没有内部围合空间的建筑或构筑物，也同样设立了围绕在其周围的虚空间。如北京天坛的圜丘，由三层坛台构成，虽然它没有围合成封闭的内部空间，但对其坛面上部的空间，无形之中存在着某种界定（图2-6）。

图2-5　人民英雄纪念碑，在其周围形成一个肃穆的纪念性空间

图2-6　北京天坛的圜丘

　　获得建筑的使用功能是建筑的直接目的，故"内容决定形式"的哲学原理在建筑中首先表现为要与功能相适应的空间形式。一个居室，有门有窗，几个到十几个平方米的面积便可以基本解决居住问题；而一个大型聚会场所，首先要求的就是面积足够大，其他要求排在其次；住宅，大致要求有起居室、卧室、厨房、卫生间等不同功能部分，这便是使住宅成为几个大小不等的空间组合在一起的基本形式；学校、医院和办公室等建筑，其特征一般是由一系列形状雷同的空间排列而成；剧院、体育场等大型公共建筑，通常表现为一个大空间与若干小空间的组合。这些不同类型的建筑，不论采用何种材料、何种结构形式以及何种装饰手法，即使这些因素都十分相似，但其空间特征却是十分鲜明的。

（二）心理需求空间

　　丘吉尔曾经说过："我们塑造了环境，环境又塑造了我们。"由此可见，空间环境与人的关系是相互的，而空间形式虽然受到功能因素和审美因素的双重制约，功能因素是基础，但在某些空间中，心理需求往往占据上风。例如住宅的层高，2.2米就能基本满足各种功能人体尺度，但很显然这一高度过于压抑了，所以从人的感受出发，一般采用2.8米~3.6米的层高。而且这个数据在频繁使用过程中，已经变为常用数据，甚至成为一种专业的规范，相应产生一种相对固定的审美感觉，过高、过低都被认为是不舒服的。仍以住宅为例，房间按理说越大越好，其实不然，卧室太大会使人产生不安全感，环境气氛不对，卧室需要的是柔和、亲切感（图2-7）。哥特式教堂内部窄而高的空间更为有力地说明了这一问题。如果单纯从宗教祭祀活动的用途来看，教堂的高度即使降为原来

图2-7　柔和安静的卧室空间

图2-8-1　哥特式教堂内部窄而高的空间

图2-8-2　哥特式教堂内部窄而高的空间

的十分之一也不影响使用，但其中崇高、神秘的宗教气氛和艺术感染力将荡然无存。由此可见，在某些空间中，左右空间形式的与其说是物质功能，毋宁说是心理和精神方面的要求。（图2-8）

心理空间是没有明确的边界，人却可以感受到的空间的大小。这种感觉来自于形态对周围的扩张，形态对周围扩张的原因主要来自于内力运动的变化的"势头"。不仅从建筑能够满足人类的物质需求方面来说，其空间性是首要的，而且就是从满足人类的心理、精神和审美需求角度考虑，空间也是尤为重要的。画家用线条和色彩来造型、雕塑家用形体来造型、建筑师用空间来造型，这都用了空间效果来使人们产生某种感受。空间效果对人类情绪产生的影响是十分强烈的，例如一个狭长的空间具有很强的引导性，而低矮的空间给人以压抑感，高直的空间使人由衷产生一种崇高感（图2-9）。谁也不能否认中国古代建筑群严格对称的空间布局将"居中为尊"这一思想表露无遗（图2-10），而江南园林建筑的自由式空间组织又充满了"柳暗花明又一村"的情趣（图2-11、图2-12）。建筑空间效果在满足人类精神需要方面有着极大的作用，是其他因素所不能比拟的。

图2-9 狭长的空间具有强烈的引导性

图2-10 故宫建筑群严格的对称空间布局体现了"居中为尊"的思想

图2-11 中国古典园林的意境

图2-12 中国古典园林是中国传统哲学思想的物化形式

当我们身处不同的空间环境时，会有不同的反应，这是容易理解的。一个场所，会对人的意识存在产生一定的影响，这种空间涵盖力会给人带来一系列的感受。空间会给人带来很多心理和精神的反应和感觉，如紧张感、压抑感、亲切感、进深感、流动感等等。顶面与地面之间的高度对空间的心理感受影响很大，相对人的高度越高，越使人感到疏远，越缺乏亲近感，空间感也就越弱。

巴黎拉德芳斯大门巨大的尺度使人在底部感到渺小、不安定，设计师巧妙地设计了带圆形孔洞的低矮柔软的帐篷顶，既巧妙地解决了这一难题，又可以使人感受到大门的巨型高度带给人心理的震撼力（图2-13）。相反，相对人的高度越低，使人感到越压抑，空间感越强（图2-14）。

图2-13　巴黎拉德芳斯大门　　　图2-14　人们喜欢在这样的空间里游戏

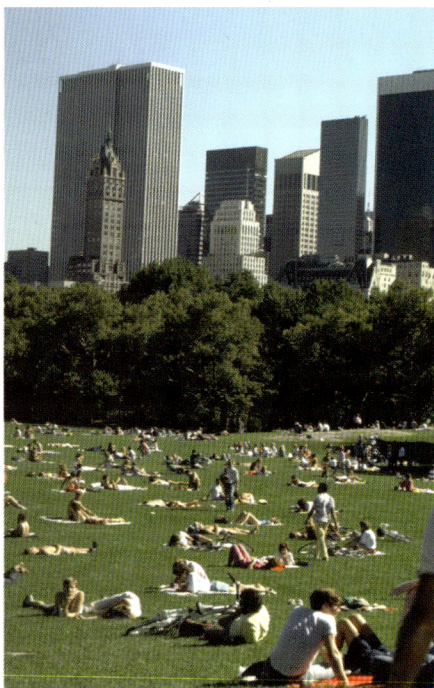

因此，空间与心理、人的行为是相辅相成的一对元素，从环境的意义上考虑空间的创造，才能形成真正的空间。所以我们十分有必要深入研究人类的行为与心理、环境的关系，从而创造真正符合人们心愿的空间环境。人们创造出良好的空间环境，相应的，良好的空间环境也能使处在其间的人们具有良好的心理感受，并能诱导人类更有意义的行为发生，从而纳入一个良性循环的过程。因为人类的行为与人类的心理特征是分不开的(图2-15)。

图2-15　城市里难得的休息空间

二、影响空间感知的形态要素

肌理、色彩、形态是对人们感知空间产生直接影响的三大形态要素。

(一) 肌理

肌理也被称为质感，就是材料的质地与结构。

在空间中，材质与色彩一样，对空间的大小以及视觉效果也会产生一定的影响。材质有细腻与粗糙、光亮与灰暗、松软与紧密之别。材质的纹理越细，表面越光洁，给人以空间扩大的感觉；反之，纹理越大，表面越粗糙，则会使空间看上去有缩小之感。一般来讲，小空间的材质运用应选择具有扩大空间的细致、平整、光滑的材质，大空间则可以适当选择一些粗纹的材质。另外，为了体现特定的地域文化，经常选用一些比较粗糙、具有代表性的当地材质。现代空间设计中，往往在大面积光亮材质的基础上，运用粗糙的材质加以点缀，可以获得意想不到的视觉效果。但是在实际运用中应适当控制其面积（图2-16～图2-18）。

除了以上实实在在的具体材质之外，还有一些对空间起着类似作用的物质，如各类水体和草坪绿化等，这类物质可以称作广义材质。平静的水体与运动的水体相比就如同细腻光亮的材质一样，加上它的通透性，给人以空间扩大之感。相反，则给人以缩小的感觉。修剪平整细腻的草坪与灌木丛生的绿化相比，给人以相同的扩大空间的感觉。

肌理有两种：一种可称为自然肌理，另一种可称为人造肌理。前一种主要是指材料本身原有的肌理，如：自然界中风化的岩石、植物的表皮、贝壳上的花纹等等，是材料本身的纹理凹凸的肌理效果。因其材质不同，物体表面的肌理效果也各不相同，人造肌理是人为创造出来的形态，具有表面崭新的组织结构和不同于原材质的感官效果。利用材料的质感与肌理效果，采用调和与对比的设计原理，可增加立体感觉，起到丰富造型、装饰的作用，避免物体组合过于单调，是丰富设计表现的重要手段（图2-19～图2-23）。

图2-16　法国犹太人纪念馆内部以死难者照片作为肌理，密布的照片肌理形成肃穆、震撼的空间效果

图2-17　成都宽窄巷的某店面招牌设计，细腻光洁的文字在粗糙的砖墙上形成强烈的对比效果

图2-18　重庆市规划馆内设计的肌理对比，各种反光材质共同形成光怪陆离的科幻空间景象

图2-19　云南丽江建筑屋顶的材质

图2-20　雕塑不锈钢的材质与草坪的对比

图2-21　室内设计中的材质搭配

图2-22　室内设计中的材质搭配

图2-23　室内设计中水的运用，利用水的波光的肌理给空间带来灵气

图2-24　广东歧江公园中，自然菏叶与混凝土的对比

图2-24，这个在旧造船厂上设计的公园，保留造船厂的废旧设备及周围的自然植被，对旧船厂进行了产业用地再生设计，使歧江河岸的水——生物——人得以在一个边缘生态环境中相融共生，歧江公园用现代创新设计语言，讲述了中国近现代工业化历程。该作品出现了很多材质的巧妙对比，烘托出绝美的气息。

（二）色彩

色彩：包括色相、色度和明度。

色彩的处理是使空间获得和谐、统一的重要手段。大到一个城市，小到一条街道或一个广场，良好的视觉效果都离不开和谐的色彩处理。在一个空间里，采用相同或相近基调色彩的建筑、地面铺装可使空间具有协调、统一感。色彩处理，可作为增强空间的识别性手段。以城市空间设计为例，在居住小区中用不同的色彩的住宅群处理，来增强识别性，避免单调感觉。色彩是用来表现城市空间的性格、环境气氛，创造良好的空间效果的重要手段。（图2-25）

图2-26，南京中山陵纪念建筑群采用蓝色屋面、白色墙

图2-25　安徽宏村淡雅清新的色彩

图2-26　南京中山陵

面、灰色地面和牌坊梁柱,建筑群以大片绿色的紫金山坡作为背景衬托,这一组建筑空间色彩的处理既突出了肃穆、庄重的纪念性环境的性格,又创造了明快、典雅、亲切的氛围。

文艺复兴时期的罗马的城市建筑特点是许多橘黄色的建筑,这种色彩的建筑物对于纪念性的教堂和宫殿,可以起到很好的前景和背景作用。采用橘黄色是教皇加强对所有世俗建筑的控制而采取的法律措施,其目的是保证教堂和纪念性建筑处于支配地位。橘黄色是一种前进色,比起蓝色的后退和透明,橘黄色的建筑物更富有

图2-27　罗马的橘黄色的建筑

图2-28　罗马的橘黄色的建筑

图2-29　故宫浓烈的色彩

立体感,作为有丰富雕刻的白色教堂的前景,使其立面看上去似乎更远,而且引导人们去欣赏雕刻的细部。橘黄色的选择在罗马城的整体形象中表现了极大的美感。(图2-27、图2-28)

我国明清北京城的设计也是运用色彩的范例,它反映了我国古代城市建设的高超技艺(图2-29)。它以浓重的宫廷黄色屋顶、红墙及白色的台座、栏杆作为位于城市中心的皇宫建筑群的基调,周围由大片黑瓦、灰墙的四合院民居群衬托,通过皇家的权势、尊严和平民灰暗色调的对比反映了二者之间巨大的反差,显示着皇帝的权势、尊严和平民百姓的卑微。而城市西侧的皇家花园则是一片葱绿,加上水面的光洁,将黄瓦、红墙衬托得分外夺目,整座城市以色彩对比的手法明确地表示了城市不同区域的功能,给人以不同的美的体验。

通过色彩的处理还可以增强城市空间内某一地域的识别性,如城市地区中以不同的色彩区别不同的社区,给不同的社区赋予不

图2-30　柏林城市色彩

图2-31　哥本哈根红色建筑

图2-32　新疆地区少数民族的民居建筑色彩

图2-33　城市空间的活泼色彩

同的色彩个性，既避免了给人带来单调、呆板的感觉，有利于来访者的识别，又使整个社区统一在协调的气氛之中。(图2-30、图2-31)

　　室内设计中的顶棚、地面和墙面以及所有隔断、景观、饰品和陈设等都是由具体的材质构成的，它具有其固有的色彩，色彩除了具有装饰意义和功能意义之外，对室内空间的感觉也产生一定的影响。(图2-32～图2-39)

图2-34　重庆规划馆内色彩设计

图2-35　维也纳金色音乐厅，暖色的调子带动观众的情绪

图2-36　白色的简洁——服装卖场

图2-37　酒店、酒吧色调高贵典雅

图2-38　室内空间夸张的灯饰色彩，成为空间的色彩主调

图2-39　北京长城公社建筑内室内设计的和谐灰色调

学过色彩的人都知道，冷暖色彩具有一定的进退感，暖色使人感到靠近和向前，而冷色则使人感觉退远和向后。根据色彩的这一原理，暖色调使空间看起来有缩小的感觉，而冷色调使空间看起来比原来略大。

色彩的轻重感对室内空间的规划也具有重要的意义。一般人的心理都有默认的稳定原则，就像"金字塔"形体一样，上轻下重。色彩明度越高（即浅色）则使人感觉越轻，反之，则使人感觉越重。因此，在内部空间设计中，一般多遵循色彩上浅下深的原则。

色彩处理也是使空间获得和谐、统一效果的重要手段。在一个空间里，如果建筑色彩采用相同基调或地面铺装色彩也采用同一基调，都有助于空间的协调、统一。在某些城市空间中，例如商业街道、空间界面，包括墙面、橱窗、货架等，五光十色，它能表现一种活跃、热闹的气氛。要想既保持这种气氛，又不显杂乱无章，可以采用同一色彩基调来铺装地面以及设置室外家具，以取得和谐的效果。

（三）形态

形状：形式与形体，即所有的造型元素。

在这三项中，形态对空间的影响最大，也最为关键。因此，我们在第三单元侧重于阐释形式对于空间限定方面的讨论。（图2-40、图2-41）

三、影响空间感知的条件因素

（一）光与影

光线是人们感知空间必不可少的条件，因此光线是除"形"之外对空间产生较大影响的因素。而光影作用对城市空间的气氛效果烘托和塑造往往容易被忽略，事实上，光线对反映色彩、形式和空间关系至关重要。由光线而产生的色彩效果往往给人以强烈的震撼。与光影效果变化以及城市空间氛围展示的一个重要因素就是自然界的昼夜更替，相对而言，白天的城市形象往往更多地得到人们的注意，而夜晚都市的美感则往往容易被忽略。事实上，夜间的光影变换处理是都市展示其活力、

图2-40 巨大球体室内空间，给人以新奇的感受

图2-41 外形直接影响人们对空间的感知

生气和繁华的有效手段。（图2-42、图2-43）

　　此外，影子对于提高空间感受和增强空间深度也起着重要的作用。利用影子的变化，可以丰富形态空间的艺术效果。在创造光影效果时，应利用各种照明装置，在恰当的部位以生动的用光来制造效果，既能以表现光为主，也能以影表现为主，还可以光影同时表现。

　　对于建筑内外空间来讲，光线可以由自然采光和人工照明两种方式来获得。（图2-44～图2-47）

图2-42　重庆人民大礼堂夜景　　　　　　　图2-43　阿联酋七星酒店的光影效果　　　　　图2-44　藏区经幡的光影魅力

图2-45　小森谷贤二植物叶子与照明结合的室内设计　　　　图2-46　光线直接影响室内的空间效果　　　　图2-47　中国国家体育中心"鸟巢"的灯光效果辉煌精彩

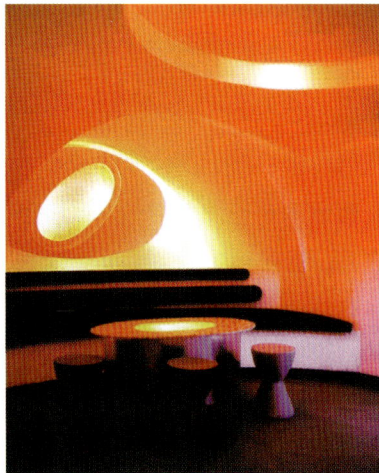

1. 自然采光

　　自然采光对建筑内外空间都会产生重要的影响，这是因为由于采光一定会在墙面或顶面开窗，洞口的尺度和位置会直接影响空间的封闭性与开敞性。

　　（1）对气氛的影响

　　太阳是地球上所有生物赖以生存的源泉，它的光线也照亮了建筑的形体和内部空间。太阳光线将变化的天空色彩、云层和气候传送至它所照亮的表面和形体上。太阳光通过墙面上的窗户进入房间，或者通过屋顶上的天窗进入室内，投落在室内空间的表面上，使色彩明朗、辉煌。由阳光产生光影变化，使空间气氛活跃，清楚明确地表达了室内的形体。阳光可以创造出节日情调，也可以弥漫着阴沉的气氛。阳光对室内空间、表面、形体的视觉效果取决于房间窗户和天窗的尺寸、位置和朝

图2-48　光与影共同塑造空间

图2-49　光之教堂

图2-50　光直接影响室内的空间氛围

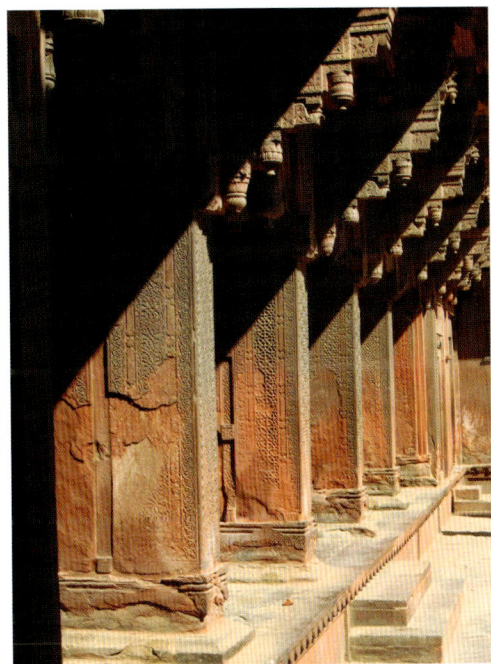

图2-51　建筑中光线的效果

图2-52　烛光的温暖

向。(图2-48、图2-50、图2-51)

在空间界面上开洞除了对光线的要求以外，还必须考虑到洞口外的景观。一些空间具有内向的视线焦点，而另一些空间则将室外景观作为视线焦点，使洞口成为室外景观的取景框，采取借景和对景的手法来获得。这一点在江南的传统园林中显得尤为突出。洞口的尺度和形状也决定了取景的多少与外框的形式。图2-49是日本著名建筑设计师安藤忠雄的建筑作品《光之教堂》，深受日本传统住宅建筑谦逊与淡泊的品质所感染，它采用现代材料和几何形式，在异常简约的现代风格中呈现出静寂的诗意，其中对光的运用十分独特而意义深远。

(2) 对转合程度的影响

空间转合的程度，即转折处的围合程度，是由洞口的位置和大小所决定的，它对空间的总体感知，也就是封闭或开敞的程度具有重要影响。

洞口全部布置在空间的围护面以内，不削弱转角，空间的形式基本不变，能够保持相对的完整性。洞口开在空间围护面的边沿和转角处，将从视觉上削弱空间转角处的边界。这些洞口会削弱空间的总体形式，同时也会增加与围护面以外的空间的视觉连续性。空间围护面之间的洞口，将从视觉上分离这些面，增加它们的相互独立性。随着这些洞口和尺寸的增加，空间便失去它原来的封闭感，变得向外扩散，并与围护面以外的空间进一步结合，成为内外交融的"流动性空间"。现代建筑为了能够人工控制进入建筑内部空间的进光量，往往采用水平或垂直遮阳板，根据气候条件和季节变化，结合智能程序使内部空间达到恒定的亮度，光线柔和。这一现象同样影响着建筑的洞口形象。

2. 人工照明

有一个智慧故事，讲的是一个孩童回答如何用最简单的办法充满一个空间的事：他点燃了一支蜡烛，顿时黑暗的空间充满了温暖的烛光。这就是用人工照明塑造空间的最好理解的例子。(图2-52)

人工照明为夜晚的都市增添了无穷的魅力。同样也为在夜晚或没有窗洞的内部空间，提供了人们感知空间的必备条件。因为照度是人工照明的主要功能，所以照度较高的房间使人感觉空间扩大，而照度低的房间则使人感觉空间缩小。除此之外，它同样对空间的围合程度产生影响。这里主要讨论的是漫射光，与洞口对空间的影响一样，如将漫射光全部布置在各个界面以内，对转角处不产生影响，空间的形式保持相对完整性。将漫射光布置在面与面的转角处，光线使得面与面之间全部或局部"分离"。这时空间的完整的封闭感被打破，具有一定的开敞特性。如将顶棚与墙面交接处做成漫射光槽，顶与墙分离，顶棚就像浮在空中一样。

图2-53 会议室的设计，空间严谨、安静

（二）静与动

静态的空间一般说来形式比较稳定，常采用对称式和垂直水平界面处理。空间比较封闭，构成比较单一，视觉常被引导在一个方位或落在一个点上，空间常常表现得非常清晰明确、一目了然。

图2-53，为一个会议室，家具作封闭形周边布置，天花板、地面上下对应，灯具位于空间的几何中心，空间限定得十分严谨。

而动态空间，或称为流动空间，往往具有空间的开敞性和视觉的导向性的特点，界面（特别是曲面）组织具有连续性和节奏性，空间构成形式富有变化性和多样性，常使视线从这一点转向那一点。开敞空间连续贯通之处，正是引导视觉流通之时，空间的运动感既在于塑造空间形象的运动性上，如

图2-54 高迪的米拉公寓，空间造型流动感强烈

斜线、连续曲线等，更在于组织空间的节律性上，如锯齿形式的有规律重复，使视觉处于不停的流动状态。（图2-54）

在动态空间的设计上，中国古典园林就很好地利用了"移步换景"的设计理念。在古代园林设计上大至皇家园林，小至私家园林，空间都是有限的。在横向或纵向上为了让游人扩展视觉和联想，可以小见大，而采用的手法有：抑景、添景、夹景、对景、框景、漏景、借景的手法，在游人观赏的动态移动中，以求得渐入佳境、小中见大、步移景异的理想境界，以取得自然、淡泊、恬静、含蓄的艺术效果。（图2-55、图2-56）

图2-55 中国古典园林中墙面上的漏窗   图2-56 中国古典园林中墙面上的漏窗

四、空间的形式美规律

恩格斯在《自然辩证法》的导言中曾写到："在地球上的最美的花朵——思维着精神。"只有人类才具有理性思维和精神活动的能力，这是其他生物所不能比拟的。人类有思维能力，就要产生精神上的需求，所以人造空间这种人为的产物，它不仅要满足人类的使用要求，还要满足人类的精神要求。建筑空间给人们提供活动的空间，这些活动无疑包括物质活动和精神活动两个方面。在建筑漫长的发展过程中，人类在满足自我精神需要的同时，养成了一定的审美习惯，用特有的审美观念来判断审美对象的美与不美，自觉地形成了欣赏某种倾向。

在空间设计中，与人类关系最紧密的就是建筑，著名建筑大师赖特认为：建筑，是用结构来表达思想的科学性的艺术。建筑虽然有科学因素的限定，但其艺术性占有很重要的位置。建筑艺术不像其他艺术形式那样直接，而是蕴含于整个空间与环境中，空间的艺术感染力由建筑环境的总体构成来传递，那种把建筑艺术简单地理解为立面的处理的说法是有局限性的。古罗马万神庙内部宏伟的、浑然一体的巨大穹隆给人的艺术震撼力是无可比拟的，在这里人们会感受到，劳动者连"天堂"都可以创造出来。

我们以建筑空间为例，建筑形式是由空间、形体、轮廓、色彩、质感、装饰、虚实……等多种要素复合而成的多义性概念，这些要素共同发挥作用而构成了建筑艺术的魅力。这里，空间是最主要的，我们从建筑中获得的美感很大一部分是从空间产生出来的，对其他建筑要素的评价亦是看它们是否强化、衬托或减弱、破坏了空间效果以及其程度如何。古罗马万神庙内部穹顶上的凹格和墙面的划分形成水平的环，四周构图连续，不分前后主次，这些处理手法并没有陷入到细部中去，而是加强了穹隆空间的整体感，使之浑然一体，更雄伟、更具震撼力；哥特式教堂里的束柱、尖券、竖长窗……到处可见的垂直线条，使人感受到的是更强烈的、具有升腾感的、动势的内部空间，体现着对"天国"的向往，图2-55、图2-56是中国古典园林中墙面上的漏窗，它不是简单地为了墙面本身的装饰而是要产生似隔非隔的情状，这是为增加景深和层次，创造更丰富的空间效果。如果撇开空间这个主体不谈，而去孤立地讨论其他形式要素，就会显得空泛，要是建筑有"语法系统"的话，那么这些形式要素应该以"虚词"的身份出现，而不是像"实词"那样具有独立存在的身份。

空间可以看做是受功能要求制约的合用空间和受审美要求制约的视觉空间的综合体。虽然并非所有建筑空间都可以达到艺术创造的高度，但至少应该满足人们起码的精神感受，引起人们视觉、感官上的愉悦，这就是要遵循"多样统一"这一形式美的规律，具体体现在主从、对比、韵律、比例、尺度、均衡等方面。人作为一种理性的动物，本能就是向往秩序的，整个自然界（包括人类本身），都具有和谐、统一、完整的本质属性，反映在人的大脑中会形成完美的概念，这种概念无疑会支配人类的创造活动。形式美的规律就是这样一种具有普遍性的法则，它的具体法则我们将在下面的内容里详细介绍。

建筑是人类社会特有的产物，也就必然映射着人和人的集合：社会，人类社会的各种特征都会在建筑中有所反映。因此建筑的审美观念不是孤立存在的，而是受到文化、宗教、民族、地域等多方面社会性因素的影响。例如，西方强调机械唯物论，强调物质、对立、分析解析、形式、个性、好冒险、咄咄逼人、开拓、模仿、写实逼真，这反映到西方的古典建筑上就是崇尚敦实厚重(图2-57)；而东方文化强调辩证、精神、综合、平衡、内容、家庭、心灵、以柔克刚、同化继承、写意与传神、内在的修养，这一切反映在东方的古典建筑上则追求轻巧灵活(图2-58、图2-59)。这虽然有着自然方面的因素，但与东西方文化的差异有很大的关系。我国南北建筑空间形式有很大的地域性差别，南方比较通透、自由，北方比较封闭、稳重；宗教作用在建筑空间的审美中体现更加明显，基督教的教堂和佛教的庙宇空间形式则完全不同。

既然审美观念受到诸多因素的影响，会有这样那样的差异，那么是否就不应该有统一的美学规律可循了呢？这里应当指出：审美观念与形式美的规律是两个不同的范畴。前者由于种种因素的影响，有着较为具体的标准和尺度，而后者则是带

图2-57　帕提侬神庙反映西方建筑美感

图2-58　东方建筑婉约精致

图2-59　东方建筑婉约精致

有普遍性和永恒性的法则。人类的审美观念是对客观对象的一种主观反映形式，属于意识形态，它是由客观存在决定了的，当客观现实改变以后，思想观念必然改变。因此，人类的审美习惯不是一成不变的，它将随着时代的发展而发展变化。例如被公认为美的古典建筑形式经历了几千年的历史考验，却在社会大变革时期遭到了否定，难道真的就忽然变得不美了吗？如果仍然承认古典建筑是美的，那么新建筑是否具有美的形式呢？究竟有没有统一的审美标准和尺度？这就涉及审美观念和美学规律的差异。其实，现代建筑对传统的否定是因为建立在古典建筑形式上的那一套审美观念和已经发展变化了的功能、物质技术条件很不适应，应该以新的形式取而代之，并建立新的审美观念。但是，无论是古典建筑还是现代建筑，它们都共同遵循着形式美"多样统一"的法则，巴黎圣母院（图2-60、图2-61）和美国国家美术馆东馆（图2-62、图2-63），它们的比例都很合适，构图也很均衡，只是在具体处理中由于审美观念的差异而采用了不同的标准和尺度，前者满是装饰的线角，后者却完全抛弃了装饰。

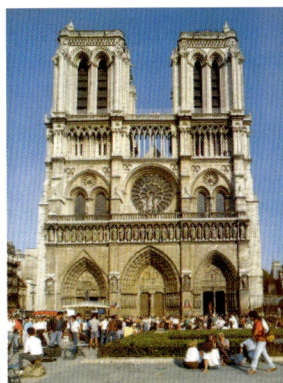

图2-60　巴黎圣母院

图2-61　巴黎圣母院

图2-62　美国国家美术馆东馆

建筑是一种文化，那么究竟什么是文化呢？文化是人类文明在进步尺度上的外化。社会文化是由全体人民从事各项社会生产活动创造的，人创造环境和环境促进人类的健康和生产活动，都是创造文化的活动。人们对艺术欣赏和情感反映形式是多方面的，有理性的，也有感性的；有高雅的，也有通俗的，但有一个共同之处就是人们对社会生活和文化的认同。建筑作为一种文化，它是为人提供从事各项社会活动的功能载体，一切文化现象都发生其中。同时，它既表达着自身的文化形态，又比较完整地反射出人类文化史。就建筑空间的物质属性而言，它是时代科技成果的结晶，反映最先进的科技发展水平，具体表现在建筑材料、建筑结构、建筑技术、建筑设备等方面，构成了时代物质文明的缩影；而在社会属性方面，人类的一切精神文明的成果也都渗透其中，如雕刻、工艺美术、绘画、家具陈设等属于可见形象，都是建筑空间与建筑环境的组成部分；而比较隐蔽的象征、隐喻、神韵等内涵，作为建筑之魂也都与人们精神生活和精神境界相联系。建筑是人进行社会行为的场所、扮演社会角色的道具，所以建筑空间也是按人的社会交往与社会活动建立起来的空间网络。人们对建筑空间的体会，如能达到用在其中，乐在其中，从空间中得以直观自身和发挥自由创造的潜能，那么建筑空间也就真正成为创造历史文化的媒体了。（图2-64、图2-65）

图2-63　美国国家美术馆东馆

图2-64　建筑为人们的活动提供了场所

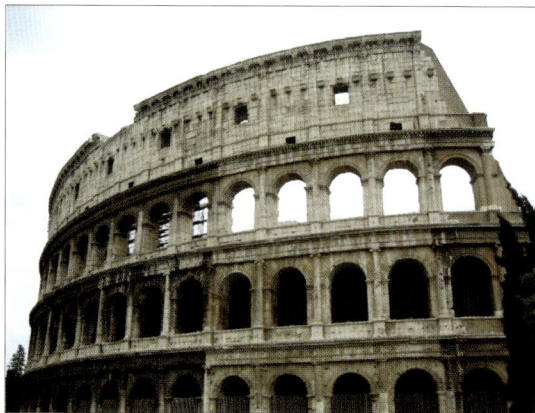

图2-65　古罗马角斗场古罗马时期最大的圆形角斗场

（一）变化与统一

变化与统一是形式美的总规律，其他形式美的法则都要统一在这个总规律下面，它是形式美法则的高级形式。（图2-66、图2-67）

统一是指事物相似的成分占主导地位，变化则是指事物间的异质部分。统一产生协调，但太过统一导致乏味，运用变化可以产生多样，个别形象的多样可以丰富事物整体的艺术内涵。但是变化过多容易产生混乱，所以变化应能达到统一，使事物统一于一个中心主题，这样才能构成一种有机整体的美感。这就是艺术创造中重要的"在统一中有变化而变化中有统一"的原理。变化统一是指形式组合的多部分之间要有一个共同的结构形式，使人感到整个艺术作品内部既有变化与差异，又是一个统一的整体。变化统一，是在统一中求变化，在变化中求统一。任何艺术作品都是由多个既有区别又有内在联系的部分组成，只有按一定的规律，把它们组合成既有变化又有秩序的一个整体，才能唤起人们的有机统一的美感。

在城市的空间诸要素的变化与统一是体现和创造完整城市空间美的基本规律。如果强调多样，而忽视统一，其结果便是城市空间的杂乱无章，杂乱无章必然流于

图2-66　对比与统一无处不在

图2-67　方块城市一条弧形的雨棚造型，为城市空间增添生机

城市空间的单调和枯燥，单调枯燥也必然失去美，因此变化与统一是处理城市空间复杂关系的基本美学原则。

对比就是应用变化原理，使一些可比成分的对立特征更加明显，更加强烈。空间中的对比因素很多（图2-68、图2-69），如大小、曲直、方向、黑白、明暗、色调、疏密、虚实、开合等，都可以形成对比；和谐就是各个部分或因素之间相互协调，就是指可比因素存在某种共性，也就是同一性、近似性和调和的配比关系。对比与和谐是对立统一的两个方面，和谐与调和可以看成是极微弱的对比。在艺术处理中，常常利用形状、色彩等过渡和呼应来减弱对比的强度，达到调和的目的，调和的东西容易使人感到统一和完美，但过分调和也会产生单调呆板的感觉。

人们在观察事物时总是下意识地对事物进行比较，因此，成功地运用对比可以取得丰富多彩或突出重点的效果，反之不恰当地对比则可能显得杂乱无章。艺术处理的对比手法可以达到强调和夸张的作用，这一点在城市空间的塑造中往往也被大量采用：方与圆的形状对比，光滑与粗糙的材料质地对比，水平与垂直的方向对比，光与影的光线对比，虚与实的空间构成对比等等。

观察我们周围的城市，无论哪一个精彩的片段、优秀的设计都是一个成功的变化统一体，研究其设计手法会发现它们往往是恰如其分地运用了对比与和谐这个原则。

（二）主从与重点

在由若干要素组成的整体中，每一要素在整体中所占的比重和所处的地位，将会影响到整体的统一性。如果所有要素都竞相突出自己，或者都处于同等重要的地位，不分主次，这些都会削弱整体的完整统一性。也就是说在由若干要素组成的整体中，各组成部分必须有所区别，因为每一要素在整体中所占的比重和所处的地位，将会影响到整体的统一性，因此，各个部分应该有主次之分，有重点与一般的差别。比如在建筑空间中，无论从平面组合到立面处理，还是从内部空间到外部体形，以及从细部装饰到群体组合，都要处理好主与从、重点和一般的关系，以取得完整统一的效果。区分主从关系的途径大概有以下几条：

1.从空间布局上区分

我国传统建筑非常惯用这种方法来区分主从关系，从建筑单体到群体组合，无不是"居中为尊"，堂屋、正房、正殿等都在中轴线上，而耳房、厢房、配殿等则分居于两侧，主次关系极其明确。(图2-70)

2.采用重点强调方法

重点强调是指有意加强整体中的某个部分，使其在整体中显得特别突出，其他

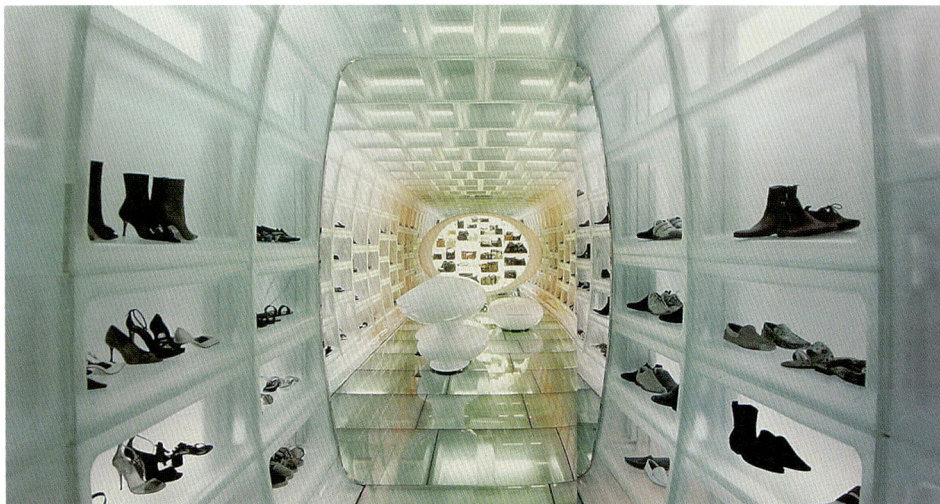

图2-68　鞋类卖场的通透设计很好地烘托产品

图2-69　白色的统一调子里红色进行对比

部分则相应的变得次要，从而达到区分主从关系的目的。重点强调的效果其实产生于对比作用，主体部分越强，从属部分越弱，而从属部分越弱，主体部分也越强。通过很多方法都可以起到重点强调的作用，如加大主体的体量、增加主体的高度、突出主体的造型、或将主体部分施以与背景相对比的色彩……比如在古典建筑中，多以均衡对称的形式把体量高大的要素作为主体而置于轴线中央，把体量较小的从属要素分别置于周围或两侧，从而形成四面对称或左右对称的组合格局。在近现代建筑中，由于功能日趋复杂或地形条件的限制，多采用一主一从形式使次要部分从一侧依附于主体。而且在空间的构成中，引入"趣味中心"，就是在整体中最引人入胜的形态重点或中心。空间形态中如果没有高潮，不仅使人

图2-70　重庆市人民大礼堂的建筑形式，主次关系明确

感到平淡无奇，而且还会由于松散以至于失去有机统一性。

（三）均衡与稳定

从牛顿揭示"苹果落地是受重力影响——地球引力作用"的真理，到人类的建造活动都是与重力作斗争的产物，人们悟出了一套与重力有关系的审美观，这就是均衡与稳定。

例如：古代埃及的金字塔，以人们难以置信的艰苦代价把一块块巨石叠放在一起，从而建造起高达146.5米的方尖锥形石塔。中国传统的建筑风格追求庄重典雅的气度，因此大多数采用对称均衡的布局形式，无论民舍还是宫殿，均由若干独立建筑物集中而成，在型制上都有相同的特色。

在均衡与稳定中，又分为静态与动态两种形式。

1.静态均衡：对称式，古今中外有无数的著名建筑都是通过对称的形式而获得明显的完整统一性；非对称，格罗皮乌斯在《论新建筑与包豪斯》一书中曾强调："现代结构方法越来越大胆的轻巧感，已经消除了砖石结构的厚墙和粗大基础分不开的厚重感对人的压抑作用。随着它的消失，古来难以摆脱的虚有其表的中轴线对称形式，正在让位于自由不对称组合的生动有韵律的均衡形式。"（图2-71、图2-72）

图2-71 某幼儿院设计，建筑不完全对称，但是形式均衡 图2-72 单体别墅设计，在形式上也往往讲究均衡

2.动态均衡：有很多现象都是依靠运动来取得平衡的（如旋转的陀螺、展翅飞翔的鸟、奔驰着的动物、行驶着的自行车……）。一旦运动终止，平衡的条件也随之消失。近现代建筑非常强调时间和运动交感因素。这就是说人们对于建筑的观赏不是固定于某一个点上，而是在连续运动的过程中来观赏建筑，所以要从各个角度来考虑空间形态，特别是从连续行进的过程中来看建筑体形和外轮廓线的变化，使空间形态成为"生动有韵律的均衡形式"。

（四）节奏与韵律

谈到审美很多人都喜欢用音乐来做比喻，空间就同一首凝固了的音乐，空间的节奏韵律感可以给人的视觉以美的享受，节奏是指事物的某些要素有秩序的连续重现，如音乐和舞蹈的节拍和节奏；韵律是指动势或气韵的有秩序的反复，其中包含着近似因素或对比因素的交替和重复，在和谐统一中包含更丰富变化的反复。亚里士多德认为：爱好节奏和谐之类的美的形式是人类生来就有的自然倾向。空间的节感奏与有序性主要包含两方面的含义：一是不同空间之间的节奏感与有序性；二是同一空间不同物体组合之后实体与实体的节奏感与有序性。

不同空间的节奏感和有序性在建筑上主要是通过空间的大小、高低、宽窄等几何因素给空间一种变化和韵律。空间的变化、节奏有的时候能够在同一视点能够感觉到，而有的空间则要通过人的运动才能体会到空间丰富多彩的变化。

建筑和城市中的许多部分，因功能的需要、结构的安排等要求，常常是按一定的规律排列和重复变化，如窗子、阳台和墙面的重复，柱子与空廊的重复等，这些建筑和城市空间中的形式要素的有条理的重复，交替和排列，使人在视觉上感受到动态的连续性，就会产生一定的节奏感和韵律感，并由此产生了和谐的美感，使人们对建筑和城市空间产生音乐旋律般的联想，所以有人称建筑是"凝固的音乐"。（图2-73~图2-75）

1.自然界一颗石子投入水中，就会激起一圈圈的波纹由中心向四处扩散，这一圈圈此起彼伏的水波纹，是一种重复和秩序构成，是非常富有韵律的。（图2-76）

2.人工的编制物，由于沿经纬两个方向互相交错、穿插、一隐一显，同样会给人以某种韵律感。（图2-77）

3.韵律美按其形式可分为以下几种：

（1）重复连续的韵律：以一种或几种要素连续、重复地排列而形成，各要素之间保持着恒定的距离和关系，可以无止境地连绵延长。

图2-73 北京某公园阶梯草坪非常具有韵律感

图2-74 跨海大桥的桥墩是节奏感的最好说明

图2-75 印度寺庙的回廊的韵律感

图2-76 水的涟漪

图2-77 藤编的韵律感

（2）渐变韵律：连续的要素以一定的秩序级数而变化（如等比级数、等差级数、弗波那齐级数），可以逐渐加长或缩短、变宽或变窄、变密或变稀。

（3）起伏韵律：渐变韵律如果按一定规律时而增加，时而减小，犹如波浪之起伏，或具不规则的节奏感，即为起伏韵律。这种韵律较活泼而富有运动感。

（4）交错韵律：各组成部分按一定规律交织、穿插而成。各要素互相制约、一隐一现，表现出一种有组织的变化。

（五）比例与尺度

比例是人们审视事物形体特征的一个重要方面，人类在长期的观察实践中，形成了一些关于比例关系的经验总结：古希腊人发现美的物体（包括人体）（图2-78）存在着一定的比例关系，也就是说美的物体中（每一个部分或整体之间）包含着数学的秩序关系，他们认为1:1.618或1:0.618的比例关系十分优美，而且经常出现在自然界和人体之中，因而称之为黄金分割或黄金比例，除此以外，文艺复兴时期的建筑师帕拉蒂奥研究后提出：1:1、1:2的平方根、1:3的平方根、1:4的平方根、1:2和1:5的平方根都是让人感到和谐、好看的比例关系。

这些取自大自然创造物的优美比例关系被发现后即被广泛地运用到艺术中，许多著名的建筑物就是采用了和谐的比例关系而获得美感，如古希腊的帕提侬神庙（图2-79）建筑平面以及正立面的长宽之比，是接近黄金比例的；古希腊祭拜雅典娜的圆形神庙、古罗马的著名椭圆形竞技场同样也采用了十分和谐美妙的比例关系（图2-80）。

尺度是一个和比例相关但不完全相同的概念，它是指物体和物体间一种相对的关系。城市空间的尺度关系，除了指建筑物等空间构成要素与环境的相对关系外，还指它们和人的相对关系，以及人在城市空间中感受到的大小感。通过巧妙的设计，我们可以利用尺度关系在小空间里创造宏伟感，或在巨大广场内创造亲切感，更多的时候，我们运用尺度原则使城市空间与人的关系协调。

物体的大小主要是通过尺度来体现，例如在住宅空间中，绝大多数空间都非常的规则，但由于空间长、宽、高的比例不同，因而形成了空间多种多样的变化，不同的空间可以给人带来不同的视觉感受，比如，水平方向的空间给人一种平易、亲切和宁静感；垂直空间给人以向上、庄重、肃穆的感觉；曲线空间给人以变化丰富、不易琢磨的感觉。由于不同的空间给人的内心感受完全不一样，设计的时候应

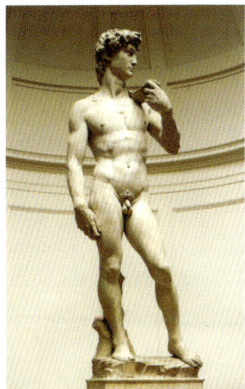

图2-78 大卫雕塑　　图2-79 古希腊的帕提侬神庙　　图2-80 古罗马的著名椭圆形竞技场

该充分的考虑空间的比例与尺度，使之既符合室内的功能要求，又能按照一定的设计意图给人以某种感受。比如客厅过于宽敞而又空间低矮，就会给人一种压抑感觉，这种情况下，就应该利用采光或分隔空间的方式在视觉上减少客厅的长、宽和高的比例，利用空间的几何特性，来达到一种平稳的视觉冲击，使人感觉客厅虽然很宽敞但没有压抑感。

而在城市空间中，什么是亲切的城市尺度？研究表明：两个人的距离在2米以内，他们的关系是比较密切的，2米是普通的谈话距离，在这个范围内可以用普通的声调交谈，并抓住对方语气的细枝末节，以及清晰洞察对方的面部表情。人们可以区别对方面部表情的距离大约是12米，认清一个朋友的距离最远可达25米，20米左右是一个令人感到舒适亲切的尺度。人们可以辨别出对方身体姿态的最大距离是140米，这时能辨别出对方大致的动作形态。由此出发，根据人们的视觉特性和心理感受，亲切的空间幅度一般不大于25米，城市空间尺度一般不大于140米。

人在观察物体时视野有总体视野和细部视野之分。总体视野适用于观察物体总的外形，在人的眼睛中呈一个不规则的圆锥形。人的脸部形状决定了总体视野的视角大约是向上为30°，向下约为45°，左右则是65°，它使人们获得对物体的总体印象。根据古典建筑学理论:总体设计时第一视点(即在规划设计范围内观赏到主体的最初位置)应小于18°，观赏主体的最佳视点是18°~27°之间，最近视点最好不大于45°。由此出发，可以清楚物体全貌的空间感受距离应在物体高度的两倍以上，最佳的空间感受距离在物体高度三倍左右。此时可以同时看到主体和陪衬它的环境，主体处于环境的突出地位，周围环境隐于其次。细部视野是用于观察物体的细部的，在人的眼睛中获得对物体的进一步印象。研究表明：当观赏距离逐渐变小时，总体视野逐步转为细部视野，视点距物体的距离为物体高度的一倍时是总体视野的最近限度，因而更近时观赏事物整体的视觉舒适程度就会大大降低，因而人们的视角自然从事物的整体转向局部，形成对物体细部的更深认识。

掌握并恰当地运用这些人类的视觉观赏规律,可以通过有意识的引导更好地展现空间要素的美的部分乃至整体,比如在美的建筑物或者景观前面,留出足够的观赏空间,让更多的人可以在最佳的视觉观赏点逗留;反之,对不美的城市景观,可以通过植被等处理手法,阻挡不佳的景观和视线。

总结起来，运用比例在空间中的作用大致有下面几点：

(1) 运用比例原理，可以获得最佳的位置、造型或结构;

(2) 利用不同的比例能造成不同的空间效果;

(3) 利用比例调整细部，以获得最佳的空间效果。

（六）对称与均衡

对称是指整体的各个部分以实际的或假想的对称轴或对称点两侧形成等形等量的对应关系，从而形成静止的现象。对称的形式自然就是均衡的，其实对称本身就是一种形式美的原则。因为这种形式体现出一种严格的制约关系，因而比较容易获得完整统一性，它具有很强的整齐感和秩序感，给人一种稳定、威严、整齐的感觉，是中国传统的住宅空间设计中最为常见的一种形式美，西方宫殿建筑也经常采用对称的形式(图2-81～图2-84);均衡是从运动规律中升华出来的美的形式法则，

是指不同质和不同量的形态求得的非对称形式,是指轴线或支点形成不等形而等量的重力上的稳定和平衡,是不以中轴来配置的另一种形式格局,利用虚实气势达到呼应和谐一致,造成视觉上的"均衡"。

对称被认为是均衡美的一种基本形式,它源自人们对自然界物体特征的归纳和总结。对称作为古典美感的基本原则被广泛地运用在建筑和纪念性庄重型城市空间

图2-81　对称建筑——美国白宫　　图2-82　中国皇帝的宝座集中体现了严格的对称

图2-83　印度泰姬陵,对称的典范　　　　图2-84　大连广场的对称设计

里。不对称的均衡是一种更灵活多变的艺术处理原则。

空间设计的复杂性以及功能的多样性使对称形式的采用具有一定的局限性,如果对一切城市空间机械地套用对称形式,意味着禁锢和僵化丰富多彩的城市内涵和形式。因此,在现代城市乃至建筑设计中,都越来越多地采用不对称的均衡美学原则。

对称均衡包含左右对称和辐射对称两种形式。左右对称以中轴线为中心,两侧的形态与位置完全相同。辐射对称则以一点为中心,四周的形态依一定的角度作放射状排列。前者是安定的、静态的,后者则在稳定中蕴涵着动感。

非对称平衡是指一个形式中相应的部分不同,但其量感相似,从而形成一种平衡关系。不对称形式的均衡虽然相互之间的制约关系不像对称形式那样明显、严格,但要保持均衡,这本身就是一种制约关系。与对称形式的均衡相比较,非对称形式的均衡所取得的视觉效果远为灵活而富于变化,但却不如对称形式庄重。

单 元 教 学 导 引

要求	本单元通过案例的介绍，要让同学们进一步加深了对空间的认知、了解空间分类以及影响空间感知的形态要素和条件因素，以及空间形式美规律的认知。
重点	进一步加深体会和理解"空间"的概念；掌握空间分类和空间审美。
注意事项提示	学习理论的目的不仅仅是为学生今后的设计实践打下坚实的基础，更重要的是培养学生的总结、讨论和思考习惯，不要为学理论而学理论。
小结要点	本单元的第一部分主要阐释了空间的分类，是从物质与精神这两个方面来进行分析；第二部分主要讲述了影响空间感知的形态要素；第三部分讲述了影响空间感知的条件因素；第四部分讲解了空间的形式美规律。

思考题：

1.关于空间分类上，物质需求与心理需求空间各自有何特征，并举例分析。

2.如何运用影响空间感知和形态要素来改善空间设计？

3.列举出3个实际案例，从空间形式美的规律上来分析说明。

4.空间是如何进行分类的，并解释各类型的特点。

5.简述影响空间感知的形态要素。

6.简述影响空间感知的条件要素。

7.简述空间形式美的规律。

课余练习题：

光是影响空间感知的重要条件因素，在创建生态社会和绿色设计的当今社会，如何运用光来更好地进行空间设计。

课余时间作业：

1.总结影响空间感知的条件因素。

2.讨论空间设计的形式美规律，并结合一些社会上被大众评价的"美"与"丑"建筑或环境艺术作品来说明。

3.讨论心理需求空间在空间设计中的应用。

作业命题缘由：

本单元第三部分阐释了关于"光"的内容

单元参考书目及网站：

卢原义信著　外部空间设计　中国建筑工业出版社

周岚 等编著　城市空间美学　东南大学出版社

杨茂川 著　空间构成　江西美术出版社

夏祖华 黄伟康 编著　城市空间设计　东南大学出版社

来增祥 陆震伟 编著　室内设计原理　中国建筑工业出版社

当代设计 期刊　台湾当代设计杂志社

设计在线：http://dolcn.com/data/cns_1/

易居网：http://www.eju.cn/

单元作业：

根据教程单元教学内容及任课教师讲授后的体会，以"我认为最成功的空间设计作品"为题，学生自行查找相关资料，认真阅读并作好2000字内的读书笔记，教师课堂提问，学生分组讨论。

单元作业设定缘由：

为使学生将单元教学内容融会贯通，初步确立一个空间认知、分析、评价的过程。

单元作业要求：

1.读书笔记必须突出空间设计的多方面的要求和规律。

2.读书笔记必须思路清晰，有自己明确的观点与看法，必须是自己的实际体会，不能下载抄袭。

3.读书笔记必须进行梳理，并在电脑上录入，打印在A4纸上，以备任课教师打分，记入单元成绩。

上的水平面图形来限定。比如一家人外出野餐，在草地上铺一块塑料布，在塑料布上面摆放食物、饮料和餐具，这块塑料布上方就被限定出了一块供这家进行野餐的空间。产生这个空间的前提是：塑料布与草地之间存在着色彩和质感的差别；水平面界限的轮廓越清楚，它所限定的范围就会越明确；基面所限定的空间范围是所有空间中限定最弱的；同时，它也会被其他空间干扰，是限定最弱的地面空间。

在设计中利用以上原理的实例很多，下面这两张图片的设计就表现了一个极富情调的休闲空间，采用地面材质与色彩的对比来强化了不同的空间感。(图3-1～图3-3)

2.顶面

顶面大大增强空间的限定性，使人越来越感到空间的存在。其限定的空间形式由顶面边沿的形状、大小、顶与地的距离决定顶面边沿的上翻或下翻，以及地面部分的上升或下沉从而影响空间的限定与开放。(图3-4)

图3-1 利用地面材质区分限定不同功能的区域

图3-2 地毯给儿童一个玩耍空间

图3-3 室内设计也采用地面材质强调空间功能

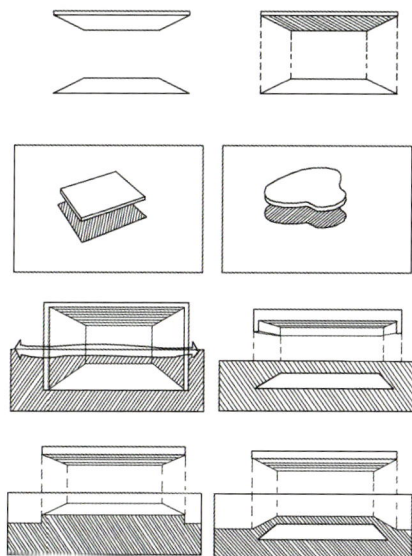

图3-4 顶面限定的空间

单 一 空 间 构 成

随着社会生产力的不断发展、文化技术水平的提高，人们对空间环境的要求也愈来愈高，而空间形态是空间环境的基础，它决定空间总的效果，对空间环境的气氛、格调起着关键性的作用。对空间各种各样不同处理手法和不同目的要求，最终将凝结在各种形式的空间形态之中。人类经过长期的实践，对于空间形式的创造积累了丰富的经验，但由于空间的丰富性和多样性，特别是对于在不同方向、不同位置空间上的相互渗透和融合，有时确实很难找出恰当的临界范围而明确地划分这一部分空间和那一部分空间，这就为空间形态分析带来了一定的困难。然而，一旦人们抓住了空间形态的典型特征及其处理手法的规律，也就可以从浩如烟海、眼花缭乱、千姿百态的空间中理出一些头绪来。

一、单一空间的概念

单一空间是构成任何类型空间的基础，是复杂空间的单元细胞，也是空间构成基本原理的重点。单一空间由水平要素的限定、垂直要素的限定、水平要素与垂直要素的组合以及水平要素与垂直要素的合并四部分构成。

在单一空间的制作之始，初步培养立体的空间组成元素的意识，形成平面向立体过渡。在单一空间制作之后，应在头脑中形成对组合的、较为复杂的空间感受意识。综合因素的组合则意味着对虚实整体空间变化的把握，尤其是能提高对虚空关系的认识。

二、单一空间的构成

（一）水平要素的限定

水平要素在设计中主要指：

1.地面

地面是所有空间构成关系的基面，是形成有限空间的第一要素，位于底面的最基本的水平面。一个最简单、最基本的空间范围，可以用一个放在具有对比性背景

在各种空间的设计中，顶面的因素非常活跃。正是活跃的顶面因素，为我们提供了丰富的顶面。我们经常在一个有相当高度的顶棚基础上进行二次吊顶，以达到突出强调重点空间的目的（图3-5～图3-8）。同样在一个顶棚平面上，经过良好限定的"负"形，如"天窗"、凹入部分或藻井等，有时也可以被看做具有"正"形的顶面。（图3-9）

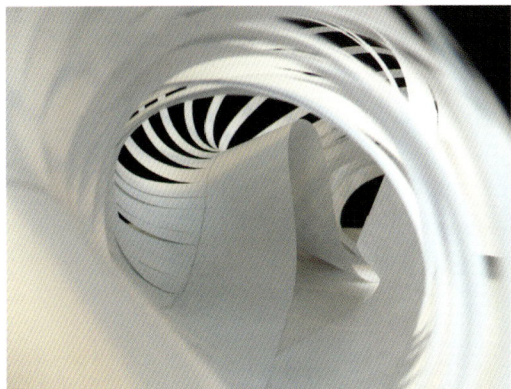

图3-5　利用纸张的韧性弯曲成一个顶棚造型

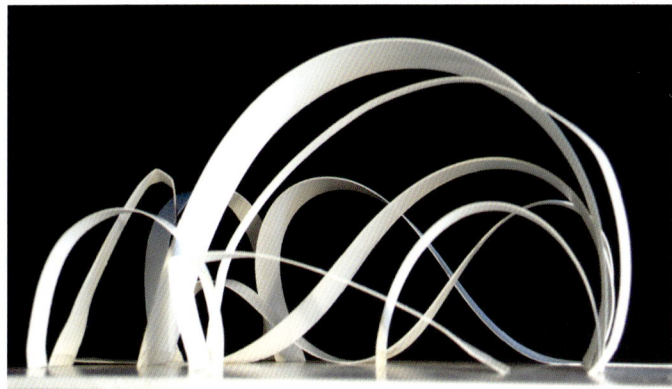

图3-6　弯曲的纸扭曲成有顶棚感觉的空间

图3-7　顶棚限定酒店的入口空间

图3-8　现代膜结构为顶棚提供了很多可能性

图3-9　北京天坛公园祈年殿藻井

顶面与地面之间的高度对空间的影响很大，这可以从两个方面来分析：绝对高度（即相对于人的高度）过低使人感到压抑，过高则使人感到不亲切；相对高度（高度与顶面的面积比例）越小则空间感越强，反之则空间感越弱（图3-10）。巴黎拉德芳斯大门巨大的尺度使人在底部感到渺小、不安定，设计师巧妙地设计了带圆形孔洞的低矮柔软的帐篷顶，既巧妙地解决了这一难题，又可以使人感受到大门的巨型高度带给人心理的震撼力。

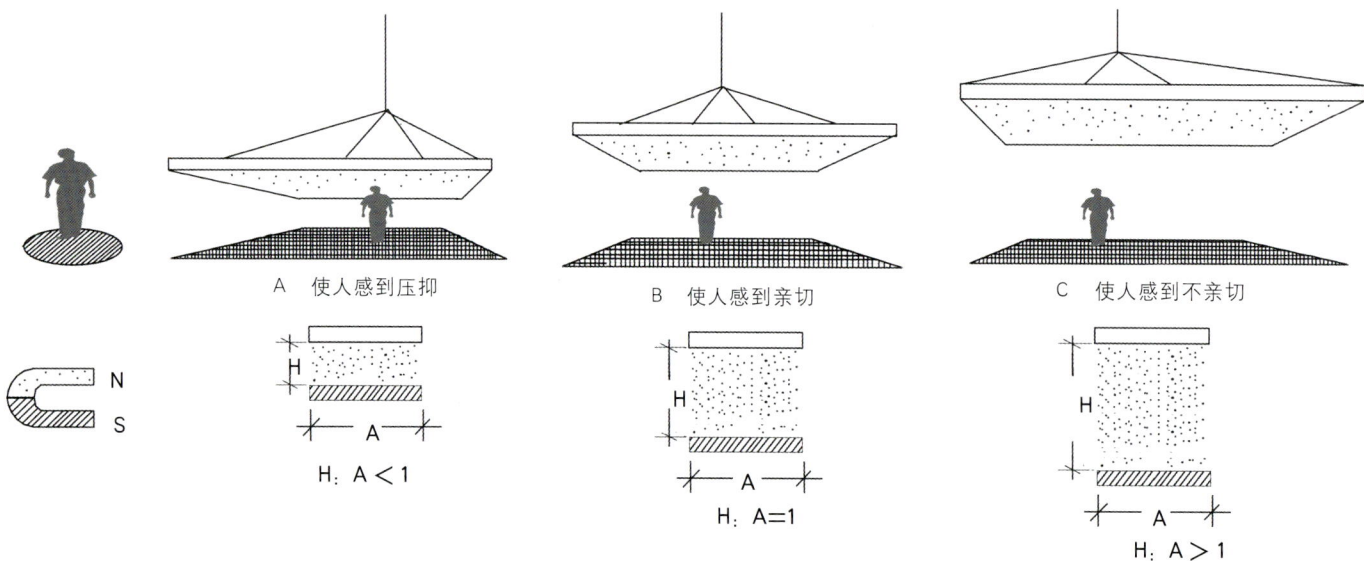

	A　使人感到压抑	B　使人感到亲切	C　使人感到不亲切
	H：A＜1	H：A＝1	H：A＞1

图3-10　空间高度与人的感受

柏林爱乐音乐厅同样借助演奏台上部的声反射板，在解决了演奏台声反射的同时也降低了空间高度，解决了同样的问题。

3.地台式空间

地台空间就是以抬高地面的形式来划分出多层的环境空间。为了在视觉上加强基面所限定的空间范围，可以采用基面的一部分升起的方法来达到。升起的基面，将在大空间范围内创造一个比平面的基面更强的空间领域（图3-11）。这与下沉式空间相反，如将地面局部升高也能在空间中产生一个边界十分明确的空间，但其功能、作用几乎和下沉式空间相反。由于地面升高形成一个台座，和周围空间相比变得十分醒目突出，因此它们的用途适宜惹人注目的展示、陈列与眺望。许多商店常利用地台式空间将最新产品布置在那里，使人们一进店堂就可以一目了然，很好地发挥了商品的宣传作用。

在公共建筑中，如茶室、咖啡厅常利用升起阶梯形地台方式，一是丰富了室内空间效果，二是可以使顾客更好地看清室外景观。

地台式空间总结起来有这些特点：视觉与空间的连续性得到维持；视觉的连续性得到维持，空间的连续性中断；视觉和空间的连续性被中断；台起的空间往往体现神圣、庄严。（图3-12～图3-14）

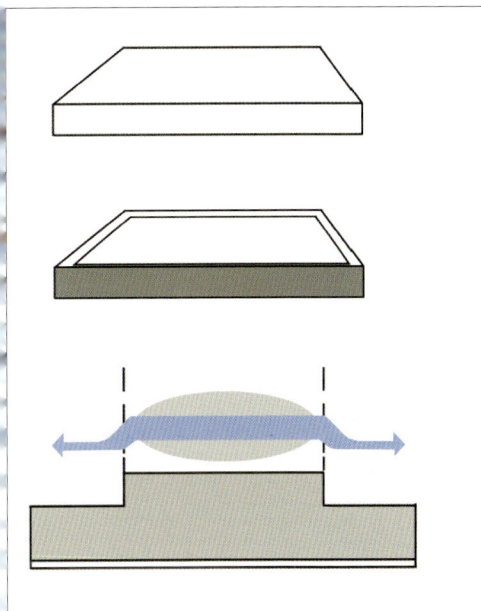

图3-11　升起的空间的特点

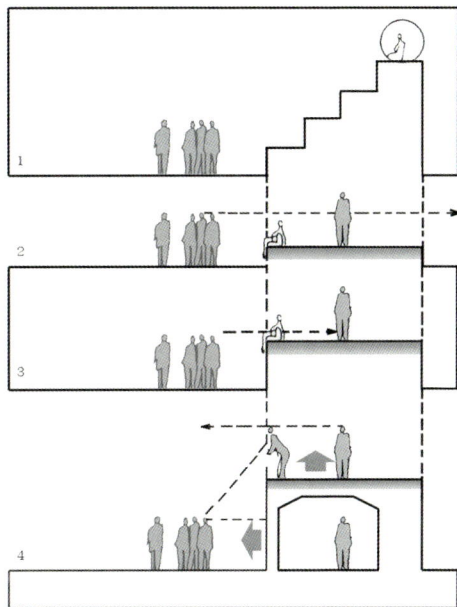

图3-12　升起空间的视线变化

图3-13　古建筑遗迹基座极高的台

图3-14　北京天坛祈年殿基座

夏、商、周时的建筑大多数是木构架结构，土坯墙，茅草屋顶。战国时，由于经济的发展，各国的夯土台建筑盛行，最高的土台可达14米之高，其建筑规模十分可观。通过这样的设计，建筑的体量得到最大的展现，从而凸现建筑的庄重雄伟。（图3-15）

升起的空间可以产生这样的特点：空间流随升起面的高度变化而变化；升起面边沿色彩与质感的变化可以加强其空间的领域感；升起部分与周围地带的视觉及空间连续程度和高度的关系；视觉与空间的连续性得到维持；视觉与空间的连续性都被中断，升起的面成了下部空间的顶界面。升起的空间具有外向性，体现了自身的重要性。（图3-16、图3-17）

剧院的舞台、报告厅的主席台均为基面升起的实例。基面的升起在空间中可以用来体现：神圣、权利、庄重伟大、焦点、视野开阔等。（图3-18）

图3-15 仿古建筑群的宏大基座

图3-16 布达拉宫位于一个山顶，更显神圣雄伟

图3-17 室内高起的空间

4.下沉式空间

地面局部下沉，在一个统一的空间中就产生了一个界限明确、富有变化的独立空间。由于下沉地面标高比周围的要低，因此有一种隐蔽感、保护感和宁静感，使其成为具有一定私密性的小天地。人们在其中休息、交谈会倍觉亲切，在其中工作、学习，可较少受到干扰。同时随着视点的降低，空间感觉增大，对室内外景观也会带来独特的变化，并能适应多种功能的需要。(图3-18)

图3-18 国外某议会大厅

图3-19 上海科技展览馆的下沉广场

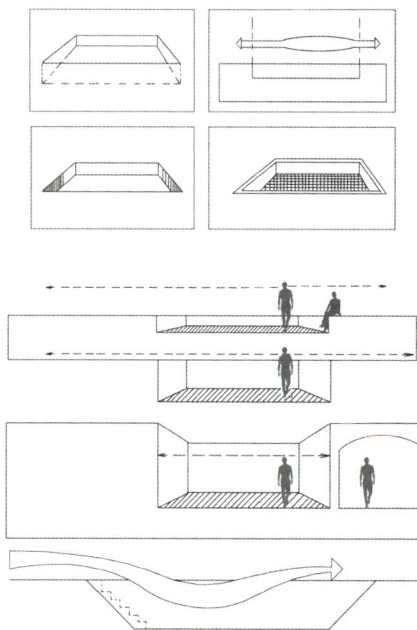

图3-20 基面的下沉视觉与空间连续性以及下沉深度的关系

下沉式空间的例子，根据具体条件和不同要求，可以有不同的下降高度；对高差交界的处理方式也有很多方法，或布置矮墙绿化，或布置沙发座位，或布置平柜、书架以及其他储藏用具和装饰物，可由设计师任意创作。高差较大者应设围栏，但一般来说高差不宜过大，尤其不宜超过一层高度，否则就会有楼上、楼下和进入底层地下室的感觉，失去了下沉空间的意义。同基面的升起一样，可以把基面一部分下沉，来明确一个空间范围。基面的下沉比基面的升起给人的空间感更强。下沉式空间的形式特点有：空间流随下沉面的高度变化而变化；下沉面边沿色彩与质感的变化可以加强其空间的领域感；下沉范围与周围地带之间的空间连续程度，要依据下沉的深度而定；下沉空间具有内向性、保护性、宁静性的特点。

大量的下沉式广场都具有以上特征。当可见的垂直界面采用斜向或阶梯的处理方式时，不同高度空间的连续性得到了维持。基面的升起和下沉是相对的，当二者的面积比较接近时，很难说清到底是基面升起还是下沉。升起与下沉是相对的、辩证的统一的。（图3-21～图3-28）

图3-21 水平面的升起和下沉的练习　图3-22 美国洛克菲勒下沉广场 图3-23 城市下沉广场，塑造丰富的空间形式

图3-24 下沉空间成为群众集会的地方　　　　　图3-25 下沉式设计丰富了空间形式

图3-26 中山陵下沉音乐台空间　　　图3-27 日本东京下沉广场　　　图3-28 下沉广场成为人们喜爱的地方

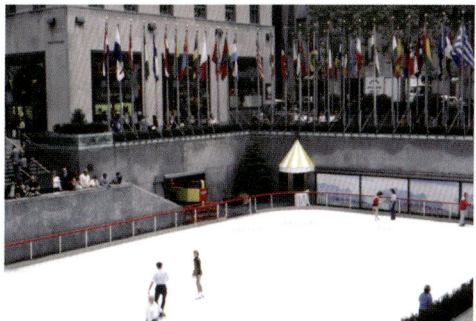

（二）垂直要素的限定

垂直要素在设计中主要指：柱、栏杆、隔断、墙面等人工构筑物。水平要素限定的空间，其垂直要素是暗示的。由于人的视线与垂直要素相垂直的缘故，相同大小的水平面与垂直面看起来垂直面更大。因此，垂直要素比水平要素对空间的限定更加直接、有效。（图3-29）

1.垂直线要素

在东西方传统环境中，以柱子为代表的垂直线要素已成为最具象征意义的视觉元素。它形成空间的方式是实体占领。由实体占领构成的空间使人产生扩散、外射的心理感受。我国许多建在山顶的塔，使人们感到其巨大的辐射力，觉得它主宰着周围的山峦和天空。例如南京城中的鸡鸣寺（图3-30），原先在城市空间中并不显得突出，而当鸡鸣寺塔建成后，不仅丰富了这一景点本身的轮廓线，而且在邻近的玄武湖内、城市街道以及市政府大院、东大校园内，都可见到塔的美丽形象，成为一个标志物，使人强烈地感到它主宰周围空间的辐射力；同时，它也成了市民登塔鸟瞰城市的制高点。

一根柱子的特点是：没有方向性、转角和边缘的限定、空间体积（图3-31）。这样的独立垂直要素可以以各种面貌呈现出来，但将其归纳、概括、整理后可以发现，独立的垂直线要素具有以下功能：结束一条轴线；标出一个区域的中心点；为其周边的空间提供一个焦点，焦点的中心集中在垂直线的顶部。如独立的装饰柱、

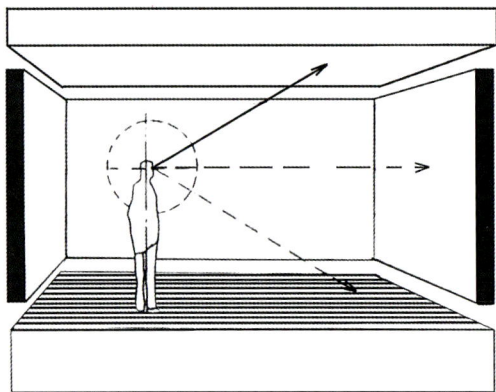

图3-29 垂直要素在空间中涉及的范围

图3-30 南京城中的鸡鸣寺

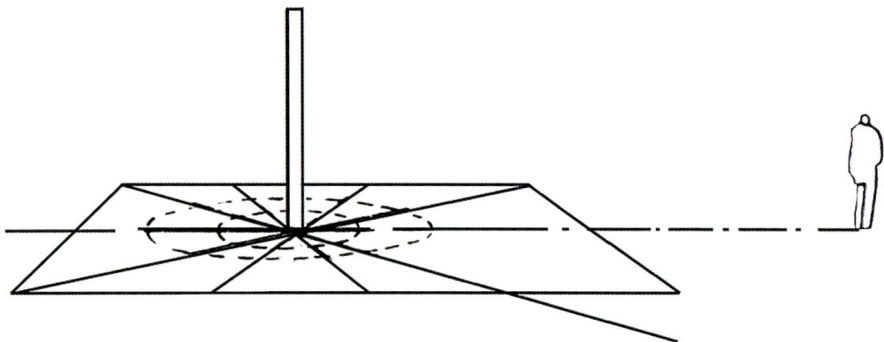

图3-31 空间独立的线要素

广场的纪念柱以及独立指示标牌都属于这种要素（图3-32、图3-33）。两根柱子可以限定一个面，由于这两根柱子之间视觉上的张力，形成了一道透明的"墙"。柱子的数量越多，这道墙的感觉越明确。三根或更多的柱子可以排成限定空间体积的角。在每一条边上增加柱子的数量可以进一步加强这种空间的体积感。一排柱子或一个柱廊，可以限定空间体积的边缘，同时又可以使空间及周围具有视觉和空间的连续性。空间的一排列柱或一排灯柱均可起到划分和分割空间的作用。四根柱子可以用来划分出大空间中的一个小空间。在现代环境景观中，在一定的区域内，经常采用柱式阵列，它能形成比仅有边沿限定更加强烈的空间体积感，同时也保证了视线的通透性。（图3-34~图3-38）

图3-32 图拉真纪念柱　　　　　图3-33 埃及的庞贝之柱　　　　　图3-34 圣彼德大教堂柱

图3-35 柱列形成空间的划分　　　　　　　　　　　图3-36 垂直线要素的组合

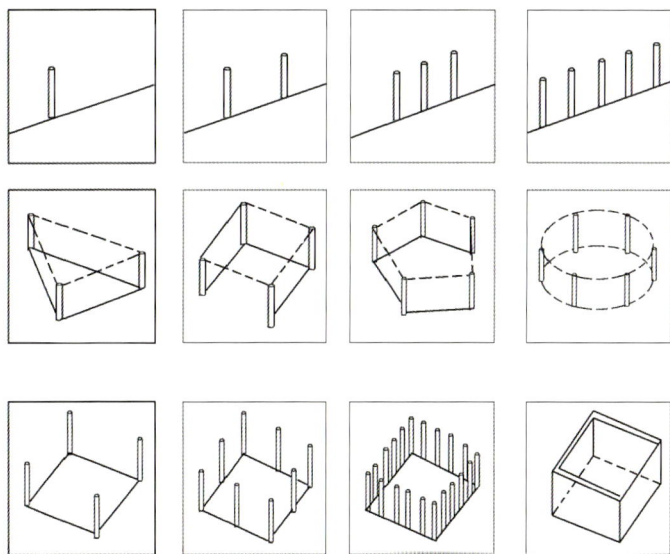

图3-37 垂直柱阵的光影效果

图3-38 欧洲古建筑遗迹的"U"形柱列

2.单一垂直面

对于单一垂直面单独直立的空间，我们可以把它当成是无限大或无限长的面的一部分。它是穿过和分割空间体积的一个面。一个面将原有空间一分为二，并形成这两个空间的边沿。一个面并不能完成限定空间范围的任务，为了限定一个空间体积，一个面必须和其他的形式要素共同起作用。一个面与人的相对高度以及它的高度比的不同，给人以完全不同的感受。宽度大于高度，有水平延伸的趋势；高度大于宽度，则有向上伸展的可能；而正方形的垂直面则比较安定。（图3-39、图3-40）

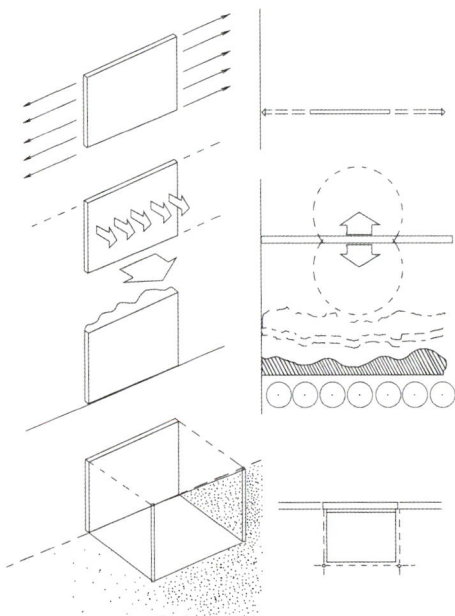

图3-39 单一垂直面

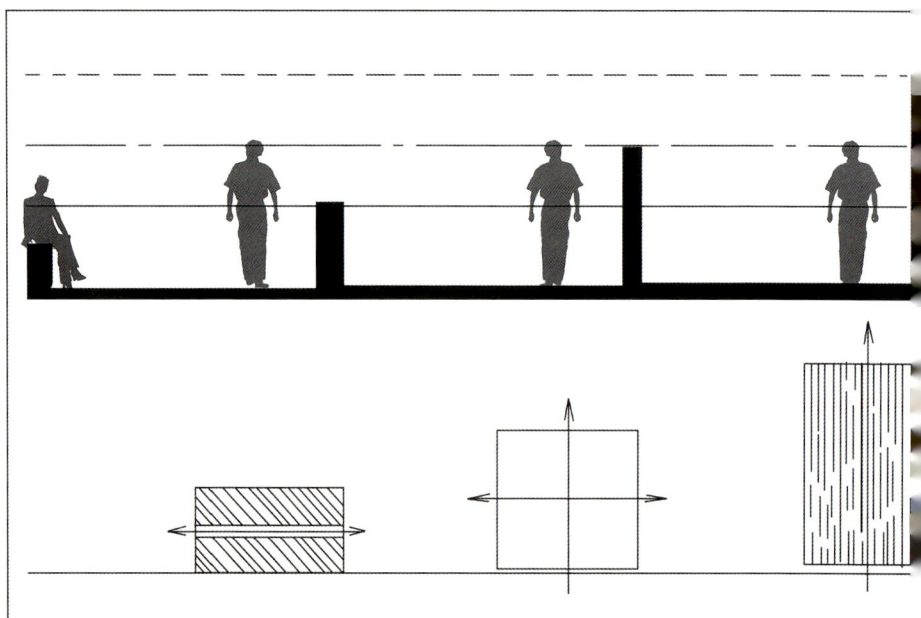

图3-40 垂直面的高度比与人的感受

　　室内入口处的照壁式屏风,就起着将原空间分为入口过渡空间与内部空间两个部分的作用。澳门著名的"大三巴"牌坊(图3-41、图3-42、图3-44、图3-45),也是展览馆室内外空间的"分割线"。广场环境中独立的广告与指示标牌,同样也是单一垂直面的实际应用。密斯在设计巴塞罗那博览会德国馆时,充分利用了不同比例大小的垂直面,创造了他著名的"流动空间"(图3-43)。

图3-41　澳门著名的"大三巴"牌坊

图3-42　北京国子监的琉璃牌坊,以垂直面界定空间

图3-44　中国古建筑空间的照壁就是垂直面设计

图3-43　巴塞罗那博览会德国馆　图3-45　中山歧江公园内的L形垂直面的设计,丰富了景观效果

3.组合垂直面

组合垂直面有多种：L形组合、平行组合、U形组合和口形组合。

(1) L形组合的垂直面，从它的转角处沿对角线下去，向外限定了一个空间范围。这个范围被转角强烈地限定和围起，从转角沿对角线向外，空间感越来越弱。转角处具有内向性，边沿部分具有外向性。

(2) 一组平行的垂直面，限定了在它们之间的范围。这个范围两端开敞，是由两个面的垂直边沿所构成。这种空间具有强烈的方向感，是外向性的空间。(图3-46)

(3)U形组合的垂直面，限定了一个空间范围，它的一面具有内向性，另一面具有外向性。内向性的一面极易成为视线焦点，许多主席台的背景、公司标识以及壁龛的处理手法均利用了这一原理。

(4)"口"形组合的垂直面，完整地围起了一个空间，这是室内空间中限定最典型也是最完整的一种。由于它的四面完全围起，所以这种限定方式具有内向性。(图3-47)

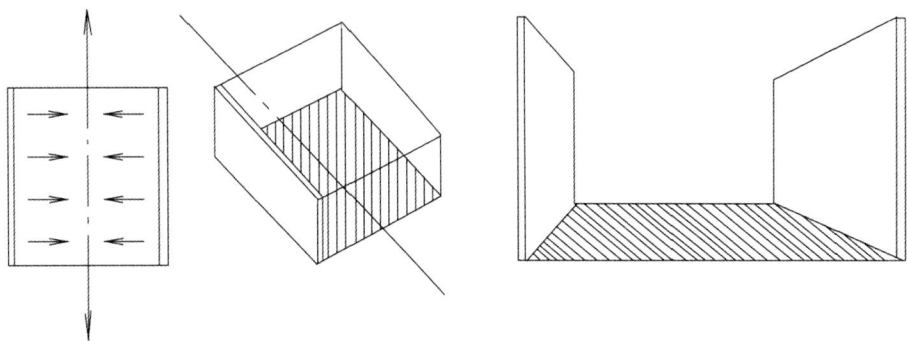

图3-46　平行的组合垂直面

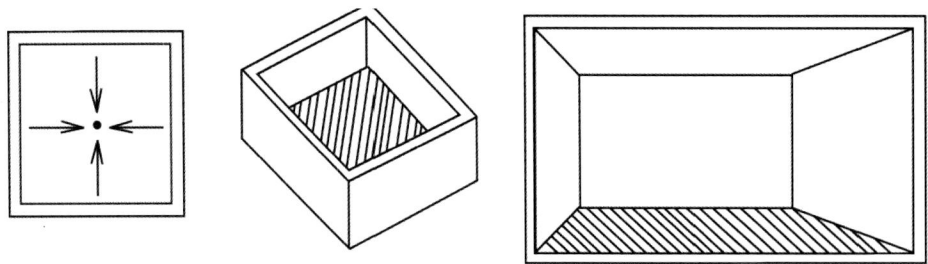

图3-47　"口"形组合的垂直面

（三）水平要素与垂直要素的组合与合并

前面部分着重讨论了水平与垂直要素单独对空间限定所起的作用。其实在实践中这种单独运用的实例并不多，更多的是二者的组合运用。

1.水平要素与垂直要素的组合

水平要素与垂直要素组合必然产生矩形空间。矩形空间是室内空间最常见的形式，其长、宽、高的比例不同，整个空间形状也随之不同。不同形状的空间会使人产生不同的感受。

（1）高而窄的空间（图3-48）

由于竖向的方向性比较强烈，会使人产生向上的感觉，激发出兴奋、自豪、崇高和激昂的情绪。欧洲的许多古典教堂很好地运用了这类空间的特性。相反，低而窄的空间给人以压抑的强烈感受（图3-49）。

（2）深而长的空间（图3-50、图3-51）

由于纵向的方向性比较强烈，可以给人以深远之感。这种空间诱导人们怀着一种期待和寻求的情绪，空间深度越大，这种期待和寻求的情绪就越强烈。这种空间具有引人入胜的特征。走道属于这类空间，在走道的端头会经常设置一些装饰品，更好地起到引人入胜之感。

（3）低而大的空间（图3-52）

此类空间可以使人产生开阔、博大的感觉。但如果这种空间的高度与面积比过小，也会使人感到压抑和沉闷。宴会大厅、报告厅以及各类演艺厅都充分利用了低而大的空间。（图3-53）

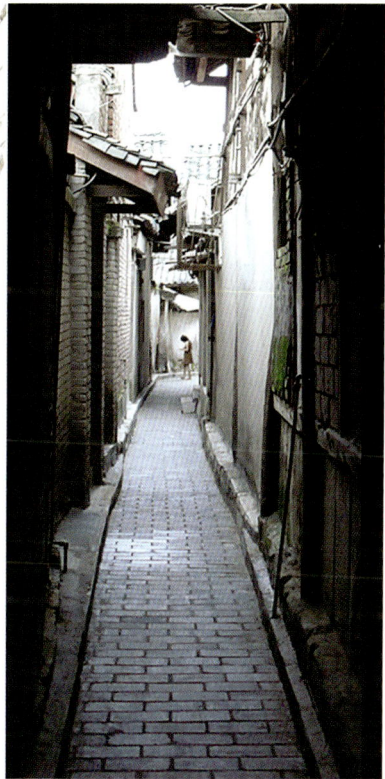

图3-48 高而窄的空间　　　　　　　　图3-49　　　　　　图3-50 低而窄的空间

图3-51 深而长的空间　　　　　图3-52 低而大的空间　　　　图3-53 国家大剧院内部宏大的空间

空间的构成形式往往多样而复杂,但无论怎样复杂,任何空间都可以找到或是分解出与矩形空间相似的空间构成。

2.水平要素与垂直要素的合并

在实际的空间设计中,大多数情况下可以轻易地分辨出水平要素与垂直要素,但也有不少的实际案例使人难以准确界定,它到底是水平要素还是垂直要素,这种状况就是水平要素与垂直要素的合并。许多地面斜坡、斜坡顶、拱顶、穹顶、张拉膜顶等都属于水平和垂直要素的合并。(图3-54~图3-57)

水平要素与垂直要素合并的空间具有这些特征:较强的动感;具有与众不同的、较强的视觉冲击力。(图3-58、图3-59)

曲面类的水平要素与垂直要素的合并,可以分为两类:单曲面与双曲面。单曲面类包含如同飞机内舱的筒形曲面及其相关的变异形态所构成的空间;而双曲面类则包含了如同鸡蛋壳的曲面及其变异的形态所构成的空间。

图3-54　斜面组合的屋顶形式新颖,结构感强烈

图3-55　张拉膜的顶是现在代较常用的一种形式

图3-56　古根海姆博物馆,双曲面的建筑形式

图3-57　悉尼歌剧院美丽流畅的曲面造型

图3-58　垂直与水平的合并

图3-59　垂直与水平的合并,空间动感强烈

课余练习题:

作业一(图3-60、图3-61):

《上升与下沉的地面》空间模型

要求:

1.用A3大小的KT板切割成不同尺寸和比例的形。

2.用切割下来的形构成空间的水平要素:基面、上升的地面、下沉的基面。创造一个上升与下沉的地面。

3.尽可能包含地面要素中所有的人与空间的高差关系。

4.制作前先设计模型草图,模型底面大小:A3。

工具材料：

1.KT 板（白色）。

2.工具刀、剪刀、502 胶、树脂胶、直尺、三角尺等。

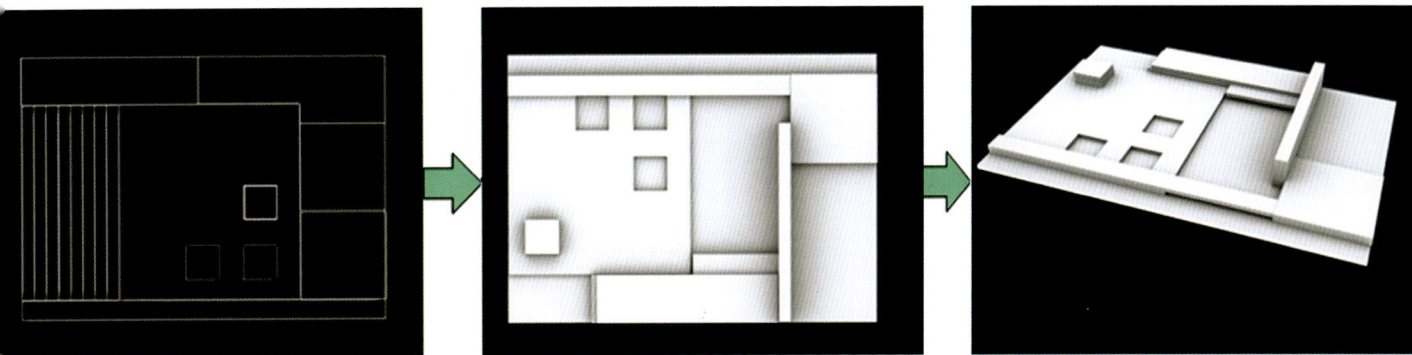

图 3-60　作业制作步骤图

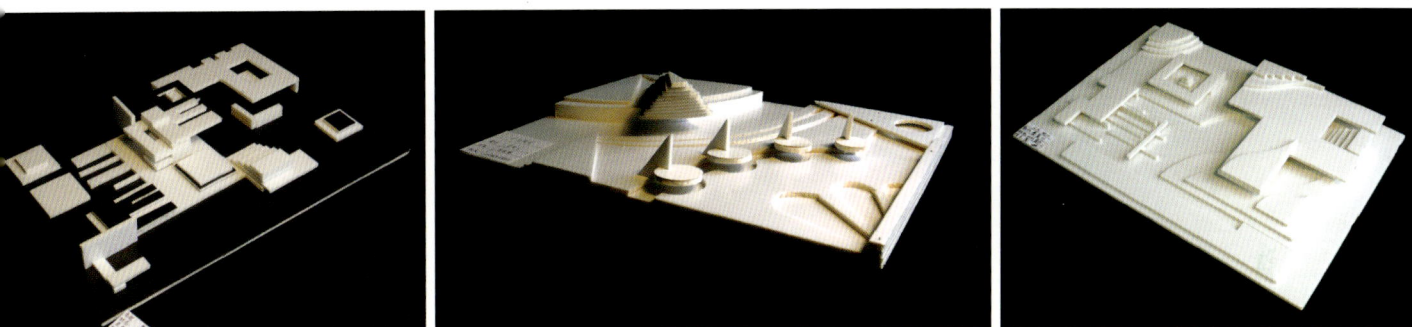

图 3-61

作业二（图 3-62～图 3-66）：

《顶棚》空间模型

要求：

1.用构成空间的水平要素——顶棚创造一个有趣的空间。

2.注意顶棚与地面的高度、边缘的形状、限定与开放。

3.制作前先设计模型草图，模型底面大小：A3。

工具材料：

1.KT 板（白色）、硬纸板、三层板。

2.工具刀、剪刀、502 胶、树脂胶、直尺、三角尺等。

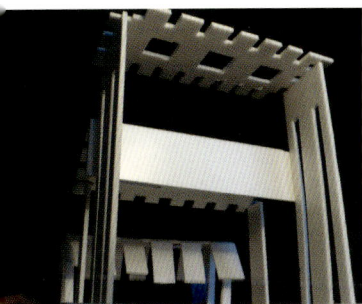

图 3-62

图 3-63

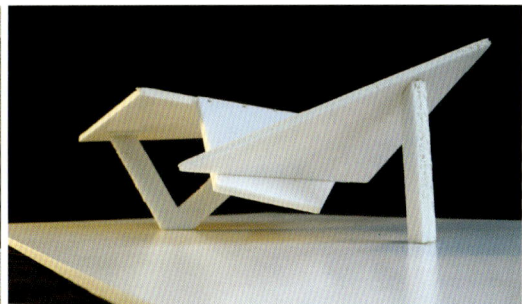

图 3-64

图 3—65　　　　　　　　　　　　　　　　　　图 3—66

作业三（图 3-67）：

《迷宫》空间模型

要求：

1.用构成空间的垂直要素（柱、隔断、墙面）创造一个有意义的垂直分隔空间。

2.将精力放在垂直要素的组织上，注意垂直高低关系，尽可能包含垂直面的所有组合方式。水平要素以单一基面为主。

3.制作前先设计模型草图，模型底面大小：A3。

工具材料：

1.KT 板（白色）、硬纸板、三层板。

2.工具刀、剪刀、502 胶、树脂胶、直尺、三角尺等。

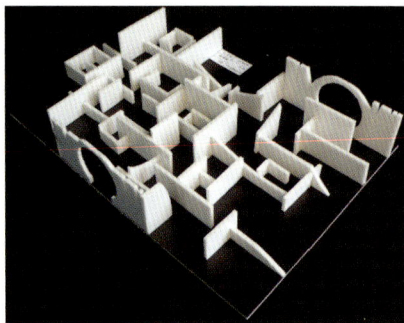
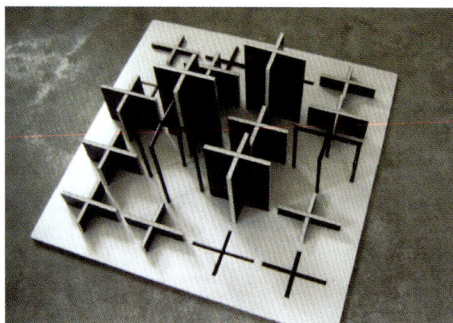
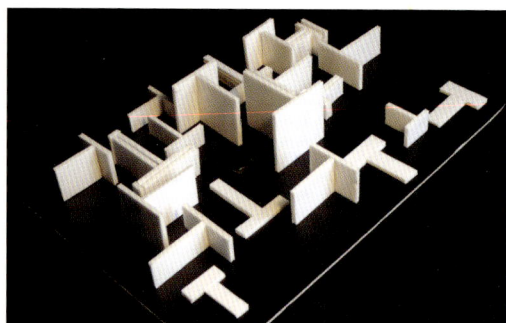

图 3—67

单 元 教 学 导 引

要求	本单元要通过对案例的介绍，使同学们了解单一空间的概念，以及单一空间所限定的几种要素。
重点	掌握单一空间的几类限定要素以及各自的特点。
注意事项提示	在学习单一空间要素时，要灵活掌握其特征和要义，因为在实际作品中极少有很单纯的空间要素构成，避免教条化和死记硬背。
小结要点	本单元的第一部分简述了单一空间的概念和重要性；第二部分主要讲述了水平要素限定的内容；第三部分讲述了垂直要素限定的具体内容；第四部分讲述了水平要素和垂直要素组合和合并的内容。

思考题：

1.单一空间是如何在空间构成中起作用的，并简述单一空间由哪几部分构成。

2.简述水平要素在设计中的具体体现，并以实际例子说明。

3.说明垂直要素的几种表现形式，以及各自不同的特征。

4.简述水平要素与垂直要素合并与组合的表现形式，并结合实际说明。

5.单一空间的构成有哪些？

6.如何看待一个具体设计作品的空间构成，并通过本章节所学知识进行分析和评价。

课余练习题：

1.总结单一空间的构成形式。

2.讨论单一空间设计的形式规律，并结合实际案例加以说明。

作业命题缘由：

本单元阐释了单一空间的几种分类形式，对于空间的理解，最好的方式是通过动手进行实践。

单元参考书目及网站：

金剑平 编著 空间构成设计 安徽美术出版社

辛华泉 编著 立体构成 人民美术出版社

刘芳 苗阳 编著 建筑空间设计 同济大学出版社

当代设计 期刊 台湾当代设计杂志社

设计在线：http://dolcn.com/data/cns_1/

易居网：http://www.eju.cn/

单元作业：

根据教程单元教学内容及任课教师讲授后的体会，认真完成三个实践作品，并将作品拍照、排版，将空间模型拍照，并将平面、立面、透视草图排版，制成A3图版打印最后提交。

单元作业设定缘由：

为使学生将单元教学内容融会贯通，学生通过实际操作将对单一空间有非常深刻的认识。

单元作业要求：

1.作品必须自己动手完成，不能抄袭和模仿。

2.作品必须按照要求的具体尺寸和规格，并要切题，能完整地体现单一空间的几种不同风格。

组 合 空 间 构 成

在现实生活中，纯粹的单一空间并不多，多的是多个空间的组合与合并。下面着重讨论空间与空间之间的关系以及它们的组合方式。

一、两个空间的关系

（一）一个空间包含另一个空间

一个大空间可以封闭起来并包含一个小空间，可称之为母子空间。母子之间很容易产生视觉和空间的连续性，达到亦分亦合、不分不合的效果。在这种空间关系中，大空间作为小空间的三维的背景存在。如要在大空间的背景下达到突出小空间的目的，可以采用形体的对比或方向差异来达到。这种包含是体的一种接触形式，当两个明显不同的内空间互相接触时，体积大的空间将把体积小的空间容纳在内，二者之间很容易产生视觉及空间的连续性。在高差的前提下，体量差别越大，包容感越强。如果小空间扩张，外围的大空间就变成仅仅环绕小空间的一片薄层和表皮，即会破坏包容的意想。（图 4-1）

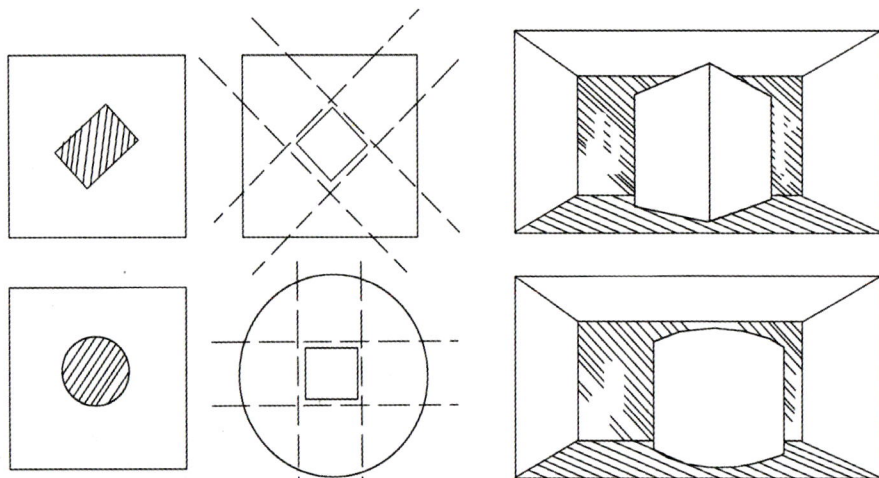

图 4-1 一个大空间包含一个小空间

　　人们在大空间一起工作、交谈或进行其他活动，有时会感到彼此干扰、缺乏私密性、空旷而不够亲切；而在封闭的小房间虽避免了上述缺点，但又会产生工作上沟通不便和空间沉闷、闭塞的感觉。采用大空间内围隔出小空间，这种封闭与开敞相结合的办法可使二者的优点得兼，因此在许多建筑类型中被广泛采用（图4-2～图4-4）。甚至有些公共大厅如柏林爱乐音乐厅，把大厅划分成若干小区，增强了亲切感和私密感（图4-5），更好地满足了人们的心理需要。这种强调共性中有个性的空间处理，强调心（人）、物（空间）的统一，是公共建筑设计中的一大进步。现在有许多公共场所，厅虽大，但使用率很低，因为常常在这样的大厅中找不到一个适合少数几个人交谈、休息的地方。当然也不是说所有的公共大厅都应分隔小，如果处理不当，有时也会失去公共大厅的性质或分隔得支离破碎，所以按具体情况灵活运用，这是任何子母空间成功的关键。

图4-2　中国美术学院入口的空间设计

图4-3　餐厅的料理间采取包含空间来处理

图4-4　重庆市规划展览馆的小空间设计

图4-5　柏林爱乐音乐厅

（二）两个空间相互穿插、交错

城市中的立体交通，车水马龙川流不息，显示出一个城市的活力，也是繁华城市壮观的景象之一。现代室内空间设计亦早已不满足于习惯的封闭六面体和静止的空间形态，在创作中也常把室外的城市立交模式引入室内。此种做法不但对于大量群众的集合场所如展览馆、俱乐部等建筑，在分散和组织人流上颇为相宜，而且在某些规模较大的住宅也有使用。在这样的空间中，人们上下活动交错并行、俯仰相望、静中有动，不但丰富了室内景观，而且确实给室内环境增添了生气和活跃气氛。赖特的著名建筑流水别墅（图4-6），其之所以被人特别推崇，除了其他因素之外，不能不指出该建筑的主体部分成功地塑造出的交错式空间构图起到了极其关键性的作用。交错、穿插空间形成的水平、垂直方向空间流通，具有扩大空间的效果。

穿插式空间由两个空间构成，二者之间部分空间可相互重叠、咬合成为一个公共空间区域。当两个空间以这种方式贯穿在一起时，它们各自保持了空间的完整性。（图4-7、图4-8）

图4-6-1　赖特的流水别墅，建筑体块灵活地穿插　　图4-6-2　赖特的流水别墅空间图

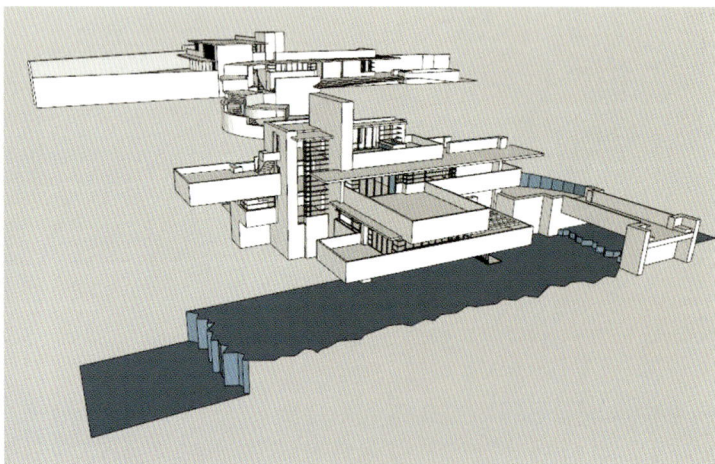

图4-7　室内设计中玄关与其他空间的穿插处理　　图4-8　穿插空间

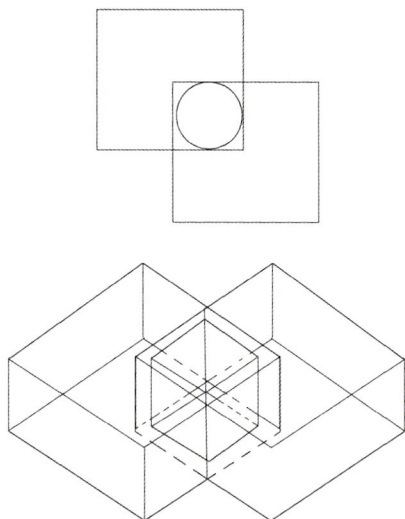

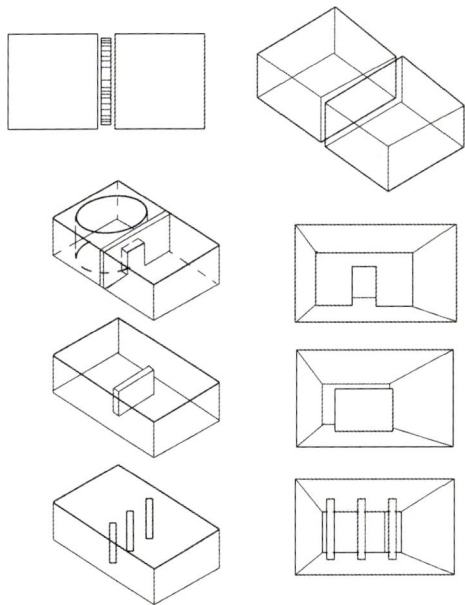

图4-9　并列空间

（三）两个空间相互并列

两个空间并列是空间关系中最常见的形式。两个空间可以彼此完全分开，也可以具有一定程度的连续性，这要取决于空间的性质和它们的用途。（图4-9～图4-12）

（四）两个空间被一个公共空间连接

相隔一定距离的两个空间，可由第三个过渡空间来连接。第三个过渡空间有时也被称为共享空间，也是空间中独具一格的空间形态。在这种空间关系中，过渡空间的特征有着决定性的意义。过渡空间的形式和大小，可与它所连接的两个空间不同，以表示它的连接地位，如两个会议室被中间的休息厅所连接（图4-13）。过渡空间可以采用直线形式，以连接两个相隔一定距离的空间，如走廊。如果过渡空间足够大，它也可以成为主导空间，可以将其他空间组合在其周围。

图4-10　室内空间的并列空间

图4-11　展览馆不同小展厅是采取的并列形式

图4-12　室内空间的并列空间，使空间更通透

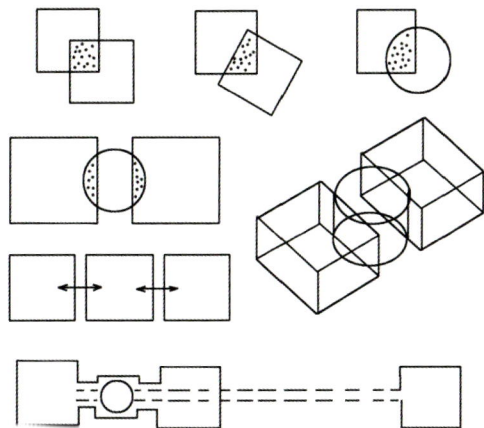

图4-13　两个空间被一个空间连接

如中庭就具有这样的能力。而在室内空间设计中的回廊也是被经常用于连接门厅和休息厅，以增强其入口的宏伟、壮观的第一印象和丰富垂直方向的空间层次。结合回廊，有时还利用扩大楼梯休息平台和不同标高的挑台，布置一定数量的桌椅作休息交谈的独立空间，并造成高低错落、生动别致的室内环境。挑台由于居高临下，提供了丰富的俯视视觉环境。现代宾馆酒店的中庭，许多是多层回廊挑台的集合体，并表现出多种多样处理手法和不同效果，借以吸引广大游客。（图4-14）

图4-15是上海金茂君悦大酒店，高152米直径27米的酒店中庭，28道环廊在霓虹灯的照射下光彩迷人，使人仿佛置身在时空隧道。

图4-14　阿联酋迪拜七星级酒店中庭

图4-15　上海金茂君悦大酒店中庭

二、空间的组合

空间组合就是根据一定的空间性质、功能需求、体量大小、交通流线等因素将多个单一空间进行有序的排列与组织起来，解决多个单一空间的关系问题。多空间的相互关系虽然复杂，但其组合方式主要概括为：中心式组合、线形组合、辐射式组合、组团式组合、网格式组合、流动式组合和表面重构组合。

（一）中心式组合

这是一种极具稳定性的向心式构图，它由一个占主导地位的中心空间和一定数量的次要空间构成。中心空间在尺度上要足够大，才能将次要空间集中在其周围。次要空间的形式和尺度与主导空间可以相同也可以不同。一般中庭空间和围绕它的小空间属于这种组合(图4-19)。如贝聿铭设计的法国巴黎卢浮宫的"大金字塔"及周围的展厅就属于中心式组合。展览空间经常采用这种组合方式，如上海博物馆(图4-16)和巴黎拉维莱特公园南部的展览馆等。

中心式组合是多元建筑空间构成，由一定数量的次要空间和一个大的占主导地位的中心空间所构成。中心式外向空间既要有整体感，又不能过分封闭(图4-17)。消除空间间隙的方法就是使围绕中心空间的次要空间体在立面上作相对的重叠、错位，以阻挡视线的出入，不要直接被看穿。中心外空间组合的次要空间要有曲折凹凸，来暗示中心外空间的闭合。当主体处在中心时，次要空间忽而呈现，忽而隐蔽，从而形成神秘感。当一个中心空间变得错综复杂时，要防止主次空间太闭合或太分离。解决方法要扩大主空间的面积，为布局建立一个中心美，或减弱次空间。中心式空间组合可分为聚中式、放射式。

1.聚中式

这是一种稳定的由一层或多层次要空间围绕一个主导空间的构成。构成后的空间无方向性，主入口按环境条件可在其中任一个次要空间处。中央主导空间一般是规则式，尺寸较大，统帅其他次要空间。中央主导空间也可以以形态的特异或对比来突出其指导地位。这是一种神圣或庄重的空间配置。(图4-18)

图4-16　上海市博物馆中庭空间

图4-17　何香凝美术馆中庭平面图

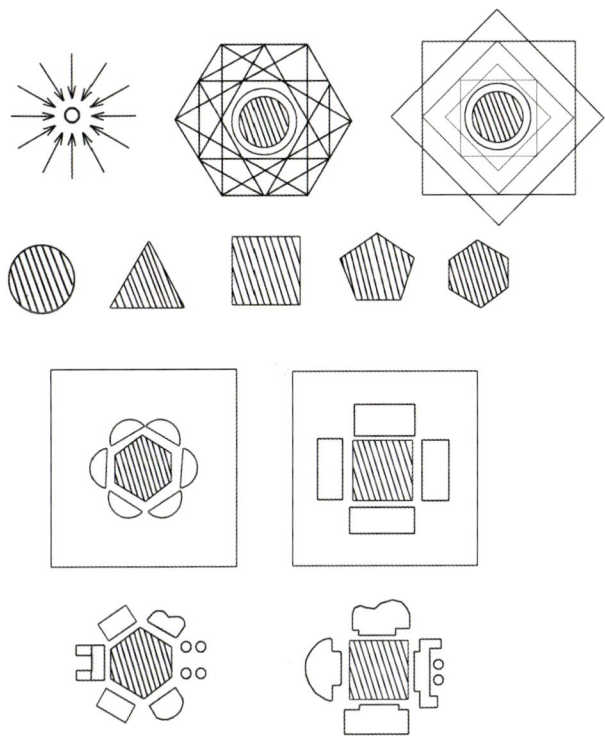

图4-18　聚中式组合示意图

（1）中心的主导空间可以是规则的几何形（三角形、圆形、正方形、六角形或八角形组合），也可以是两形的套叠（重合）构成对称式或集中空间等形式。在尺寸上要大到足以将次要空间集合在周围。（图4-20、图4-21）

（2）主导空间既可以封闭（如体育馆、影剧院、大会堂）又可以是开敞的（如美国建筑师波特曼创造的"共享空间"）。

（3）次要空间一般以无作用同心骨骼向中心聚集，交通流线可环形、螺旋形。

（4）聚中式没有方向性，因此应将引道和入口的位置按场地特点设在次要空间。

（5）次要空间的功能和尺寸可以完全相同，形成规则的两轴或多轴对称的总体造型。

（6）次要空间的功能和尺寸也可以互不相同，相对重要性或周围环境的要求，按功能和环境构成不同形式。

2．放射式

无作用离心发射骨骼作骨骼线来构成空间形态，即由主空间中心向外线性发射。

(1)放射式是一个主导中央的空间形态和两个或多个向外辐射扩展的线性空间形态的组合。

(2) 如果说聚中式是一个内向的构成，趋向于向中心空间聚集，放射式组合就是一个外向构成，它向组合的周围扩展，通过线式的"臂膀"轴射式组合向外扩展，并且与建筑场地的特点要素或场地特点交织起来。

(3)放射式组合的中央空间可以是规则的几何形，也可以是变化的如套叠等形式。

（4）中央空间为核心的线式臂膀，可在形式、长度方面完全相同（如日本东京新大谷饭店），并保持形式上整体组合的规则性。

（5）线式臂的长度、形式相同或不同方位相互垂直地向外延伸，构成富有动势的旋转运动感。

以中心式组合为单元体，竖向作重叠组合时，只需解决竖向通道问题。中心式外空间组合特点是，不能将空间体排列成不间断的环状。

（二）线形组合

将体量或性质相近的空间按照线形的方式排列在一起叫线形组合，它实质上是一个空间系列。这些空间既可以在内部相沟通、进行串联，也可以采用单独的线形空间（如走道）来联系。线形组合是沿着某条线将若干单位空间组合构成一个空间系列。这些单位空间可以做接触排列并相互串通，也可以由另一个单独的线形空间来联系。这些单位空间的视觉特征可以是重复的、渐变的、类似的、交替的、特异的。线形组合排列方式还可以细分为：直线型、折线型、曲线型、环型、鱼刺型、轴线型、树枝型。每一种线形又可分别采取直串式、内廊式、双廊式。所以线形的排列组合能创造出无穷无尽的组合形式。直串式简朴，明了；内廊式庄严，率直；外廊式轻松，有趣；双廊式开朗大方。（图4-22、图4-23）

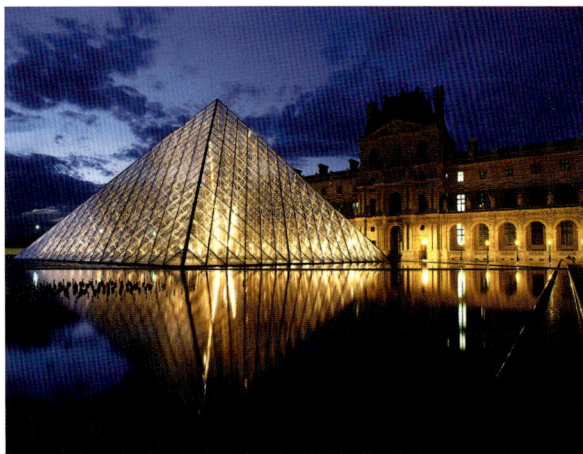

图4-19 卢浮宫的"大金字塔"

图4-20 社区的中心式空间设计

图4-21 社区的中心式空间设计

图4-22 大学城的线形空间布局

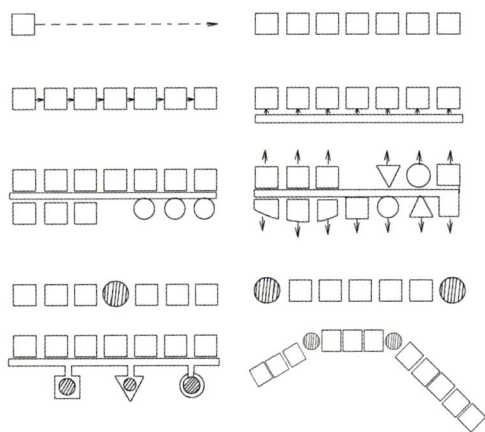

图4-23　线形组合示意

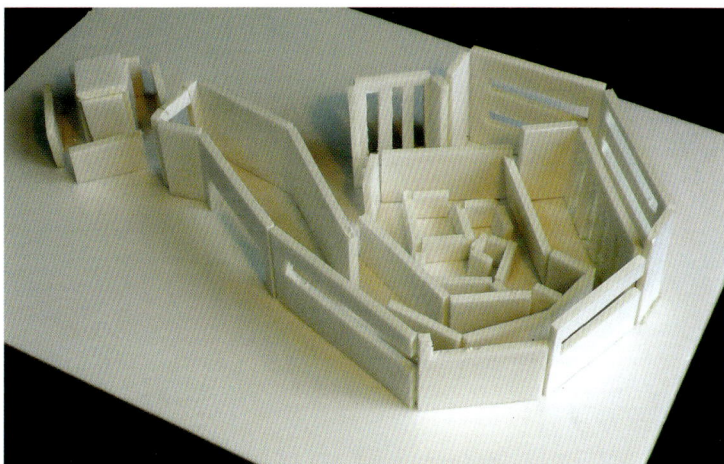

图4-24　线形组合

线形组合的一般原则：

(1)可使各单位空间逐个彼此相连，也可使各单位空间用单独的不同线式空间相连接。

(2)各相连空间的尺寸、形式和功能可相同，也可不相同。

(3)串联空间的终端可终止于一个主导空间，或突出的入口，也可与其他环境融为一体。

(4)曲折或折线的串联构成可相互围合成室外空间。

(5)串联构成中具有重要性的空间单元，除以其形式与尺寸的特殊表示其重要性外，也可以对位置进行强调：使其位于序列中央、端部、偏移序列之外，或在序列的转折处以丰富系列的节奏。(图4-24～4-26)

线形组合又可分为线形内空间组合、线形外空间组合两种，它们特点各不相同。

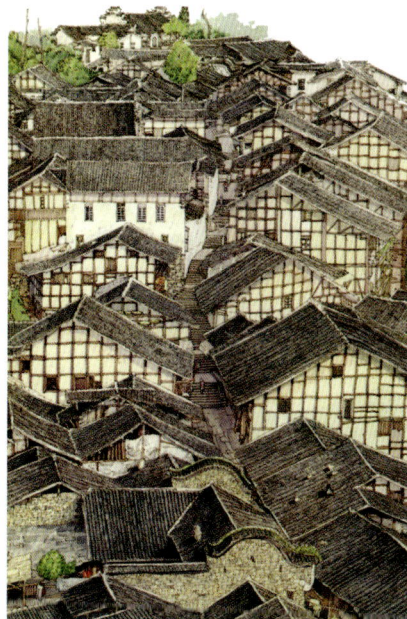

图4-25　线形组合　图4-26　线形空间经常出现在传统民居中

线形内空间组合的特点是：

(1)具有鲜明的运动、延伸、增长及节奏感；还具有扩展的灵活性，也利于空间的发展。

(2)既可以水平方向组合也可垂直方向竖立或综合展开排列，又可以将某个水平组织作为单位，再沿垂直方向重叠组合，或将某个有水平高差的空间组织沿垂直方向重叠组合。

(3)无论线形简单或复杂，总有明确的方向和主线，即使连接形状、大小不同的内空间，也能形成有序的组织。

线形外空间的组合特点是：

(1)应将空间体沿动线的两端切口封闭起来（用底层或局部通透的办法来解决流通问题）。

(2)应避免任何一侧有强烈轴线的内空体。

(3)如果希望在视觉上强调某个空间，可以升高这个空间使其突出天际线，或者将这个空间降低后退或向流线靠拢。另外为了避免有太大的体量使动线的立面支离破碎，全部空间体的顶部透视线应与动线的透视线一致。

(4)在线形空间的起点、转折点或终点设立装饰物加以强调。

(5)对于窄而长且前进方向不能闭合的动线空间，要使这敞开的第四面与其他三个封闭的面取得平衡的方法是让视线收住。

办公空间或教学空间属于线形组合。线形空间最大的特点就是具有一定的长度，因此它表示一定的方向感，具有延伸、运动和增长的特性。为了使延伸感受到限制，常在其延伸的端头设计不同形式的终止空间，如设计门厅或楼梯、电梯厅等。采用线形组合的实例除了一些建筑之外，街道与两侧的建筑也可以看作线形组合放大的运用。

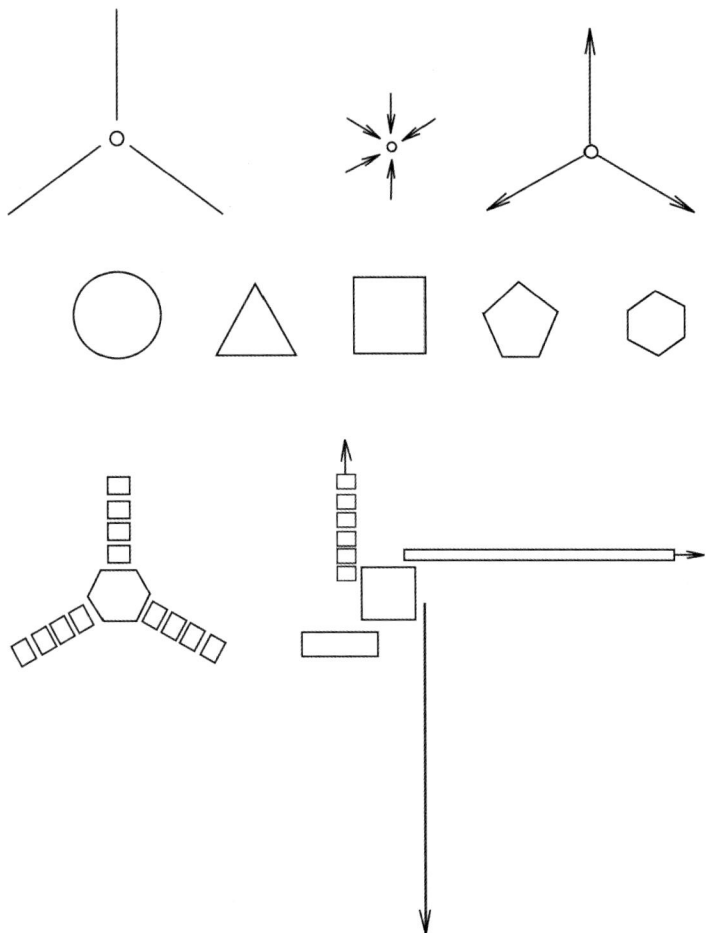

图4-27 辐射式组合

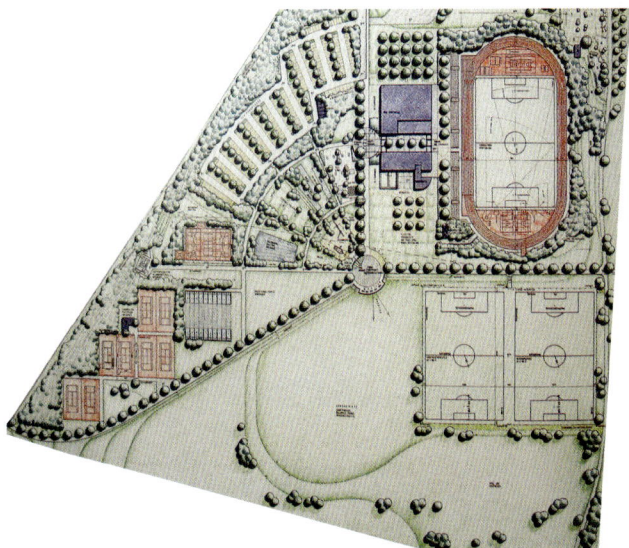

图4-28 辐射式组合的社区设计

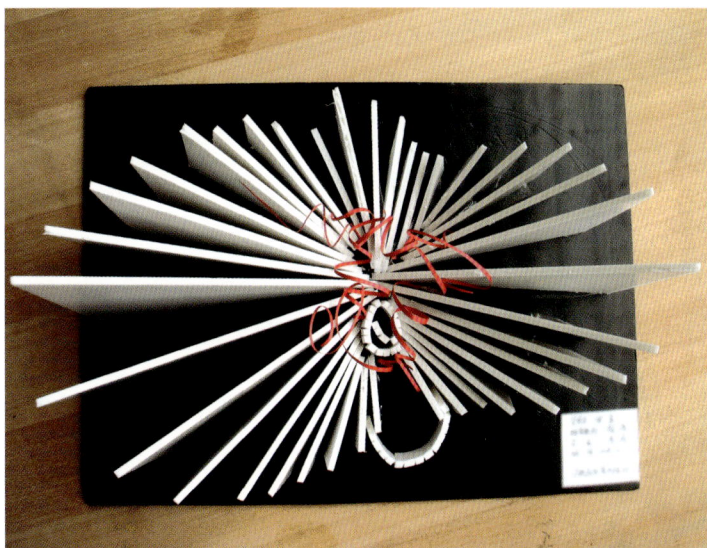

图4-29 辐射式组合

图4-30 辐射式组合

图4-31 顶棚辐射式的钢架结构

（三）辐射式组合

辐射式组合兼顾了中心式组合和线形组合的要素，由中央空间和向外辐射扩展的线形空间构成。其特点是线形组合部分具有向外的扩展性，它的几个线形部分可以相同，也可以不同。（图4-27~图4-31）

（四）组团式组合

组团式组合一般将功能上类似的空间单元按照形状、大小或相互关系方面的共同视觉特征，构成相对集中的建筑空间；也可将尺寸、形状、功能不同的空间通过紧密的连接和诸如轴线等视觉上的一些规则手段构成组团。它具有连接紧凑、灵活多变、易于增减和变换组成单元而不影响其构成的特点。（图4-32、图4-33）

组团式组合通过紧密的连接使各个空间之间相互联系，因而这种组合方式没有

空间构成基础教程

明显的主从关系。它可以灵活变化，随时增加或减少空间的数量。住宅的空间组合就属于这类组合。同样，饭店的各式餐饮娱乐空间虽有大小，却没有主次之分，它们各个空间完全可以根据需要自由"生长"。组团式组合具有最大的自由度。

组团式组合具有以下特点：围绕室内主体空间、围绕入口分组、围绕交通空间分组、围绕室外空间分组、沿道路组合、围绕庭院成组团（北京四合院）、按地形成组团、轴线控制组团。（图4-34～图4-36）

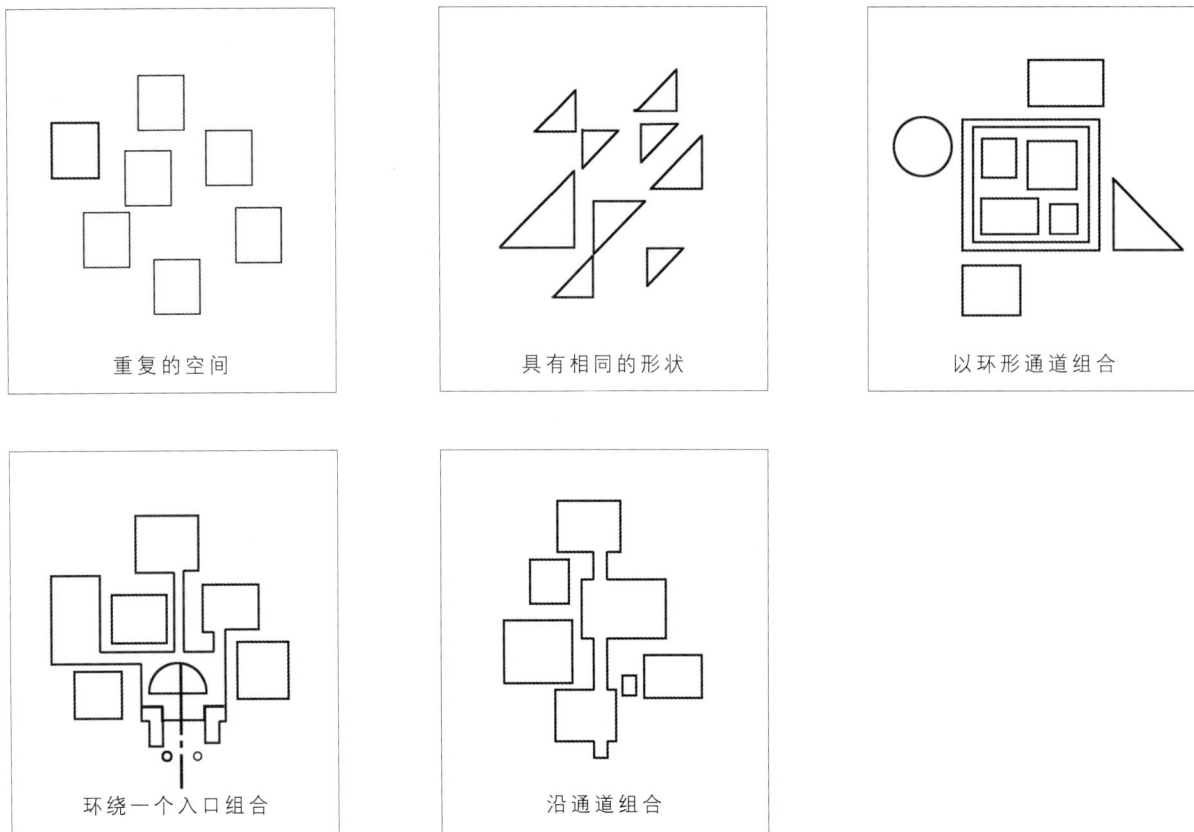

重复的空间	具有相同的形状	以环形通道组合
环绕一个入口组合	沿通道组合	

图4-32　组团式组合示意图

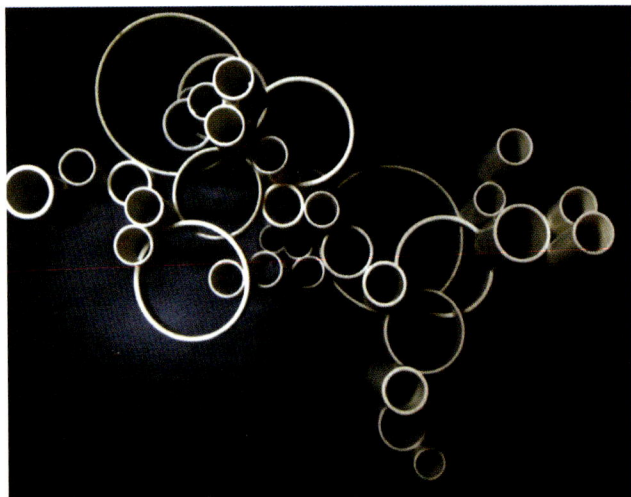

图4-33　组团式组合空间设计

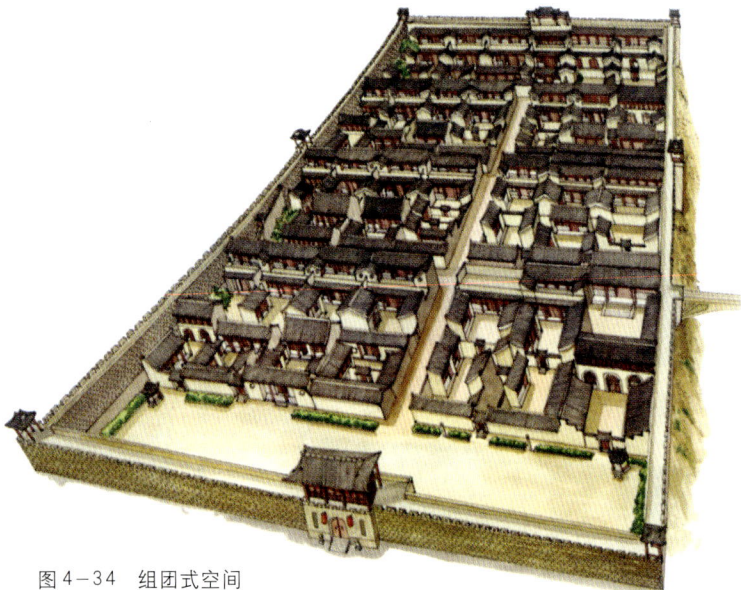

图4-34　组团式空间

图4-35　组团式空间　　　　图4-36　组团式空间

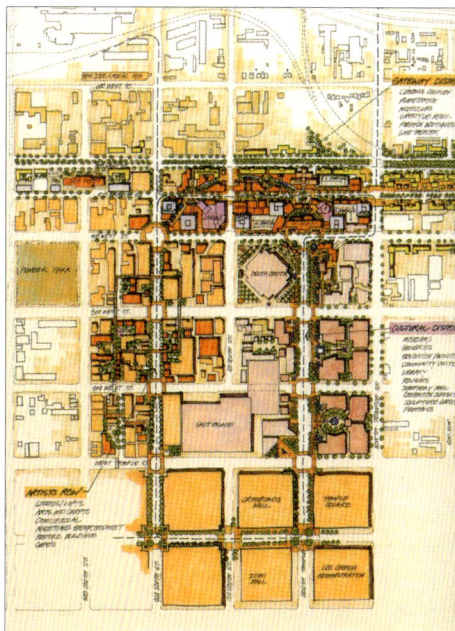

（五）网格式组合

网格式组合是指所有的空间均通过一个三维的网格来确定其位置和相互关系，具有极强的规则性。其中，网格可以是方形网格，也可以是三角形或六边形网格；也可以变形，部分网格可以改变角度，来增加其规则性中的灵活性。就像平面构成图形中的"突变"，在统一中求变化。在建筑内部空间中，梁柱等结构体系最易提供网格。在网格范围中，一个空间可能占据一个格，也可以占据多个格。无论这些空间在网格中如何布置，都会留下一些负"空间"。（图4-37～图4-42）

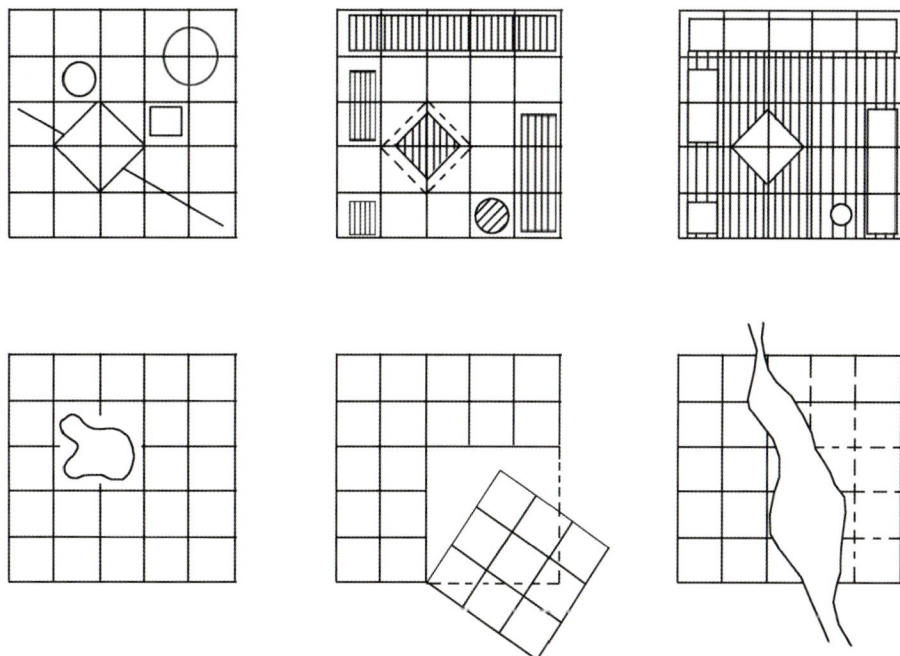

图4-37　网格式组合示意图

图4-38 网格式空间组合

图4-39 网格式空间组合

图4-40 网格式组合的建筑

图4-41 网格式空间组合

（六）流动式组合

这种空间组合的特点是众多空间相互穿插，交接部分的空间限定模糊不清，各空间之间既分又合，具有动态的流动特征。其具体做法是将两个空间的交接部分的限定降到最低，直到取消这部分限定（图4-43、图4-44）。一些展厅的内部空间同样属于流动式组合空间，如：密斯在巴塞罗那博览会的德国馆中为我们创造了这样的空间；以江南为代表的中国古典园林其空间也是流动式组合的典型代表。"曲径通幽处"、"柳暗花明又一村"，都说明了步移景异的三维空间加进了第四维"时间"的流动式特征。（图4-45～图4-48）

鉴于表面重构组合的重要性及特征明显，我们将在下一节中专题讲解。

图4-42 网格式空间组合

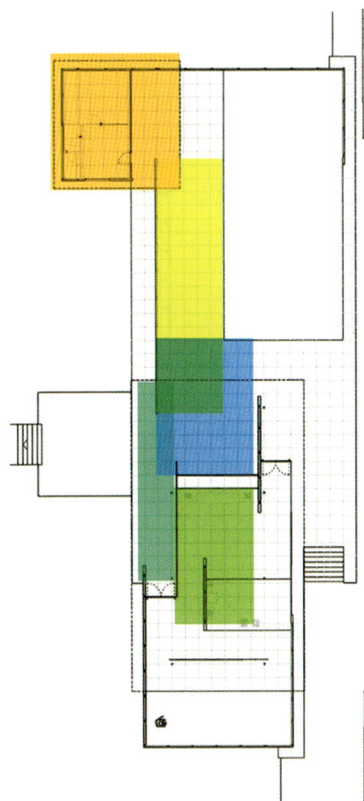

图4-43 流动空间界定模糊

图4-44 密斯设计的巴塞罗那博览会的德国馆

图4-45 中国古典园林的流动空间

图4-46 中国古典园林的流动空间

图4-47 中国古典园林的流动空间

图4-48 中国古典园林的流动空间

三、表面重构组合空间构成

（一）解构主义概述

表面重构的空间构成思路来自于解构主义。解构主义哲学产生于20世纪60年代末的西方，是西方人以独有的理性，对其过去进行反思与批判的产物。这种由下及上的反对一切固有观念的文化运动改变了人们的观念，使以民主和科学为核心的现代主义精神经历了迷茫与徘徊后仍然得以向前发展。而这种富于理性的思想与建筑学一经结合便释放出巨大的能量，就给徘徊于十字路口的现代建筑指出了一个可供选择的发展方向。可以说，解构建筑与现代建筑千丝万缕的联系使它们在本质上是相同的，更确切地说前者是后者的延续；尤其是解构主义建筑动态空间与传统建筑空间的一脉相承，只是对传统美学体系中与动态表现相关的部分进行了拓展，而其主体仍然在传统空间美学原则范畴之中。因为解构主义建筑是解构主义哲学思想在建筑领域的实践。正是基于对传统秩序与等级批判的斗争性，才使解构主义建筑表现对于传统建筑矛盾冲突的外在形态有一种不安定的动感表达。这不仅是对原有秩序禁锢的挑战，更多的还是对发展空间的积极思考。

解构主义与传统形式美学有承接关系，在结构上，它仍然遵循传统空间审美的要素（统一、均衡、比例、尺度、韵律等）。解构主义建筑所解构的是传统建筑的规则、组织、秩序，而不是形式本身；它引入了复杂的非线性秩序对形体进行组织，并非否定秩序。复杂秩序的使用是其产生运动形态的保证，它的关键在于对空间的重构，在传统形式美学框架上发展的动态空间构成原则使空间重构成为可能。

图萨沃依别墅与帕提侬神庙，在形式结构上的一致，揭示出现代主义建筑与古典主义建筑的承接关系，这说明和谐的秩序几乎成为千古不变的法则。

1.解构主义

20世纪70年代以后，一些先锋派建筑设计师试图将解构主义理论应用于建筑设计中，以突破传统建筑设计思想。而解构主义建筑是20世纪后期建筑创作中的一种探索方向，其观念变革表现在对结构主义的分解和破裂，对形而上学的批驳、实现反传统的建筑形式等。80年代，解构主义建筑师屈米又将其应用于公园的创造

图4-49　解构主义建筑　　　图4-50　古根海姆博物馆

中，形成了目前世界上唯一的解构主义园林——巴黎拉维莱特公园。解构主义由于其哲学的晦涩难懂，致使很多人不能正确地理解，于是也很少有园林设计师对解构主义哲学、建筑及园林艺术做详细系统的总结与分析。

　　解构主义建筑的"非存在"、"非功能"、"非理性"、"反记忆"等建筑创作手法，对我们的空间设计具有逆向思维的启发意义。(图4-49～图4-58)

图4-51　解构主义建筑　　图4-52　彼得·埃森曼作品　　图4-53　彼得·埃森曼作品

图4-54　解构主义建筑　　图4-55　解构主义建筑　　图4-56　解构主义建筑

图4-57　解构主义建筑　　　　　　　　图4-58　解构主义建筑

2.解构主义建筑特征

解构主义建筑师设计的共同点是赋予建筑各种各样的形态，而且与现代主义建筑显著的水平、垂直这种简单集合形体的设计倾向相比，它运用相贯、偏心、反转、回转等手法，因而具有不安定且富有运动感的形态的倾向。

解构主义建筑的特征：

(1)无绝对权威，是个人的、非中心的；

(2)恒变的，没有预定设计(很多解构主义建筑家甚至连完整的工程图也没有，仅仅以草图和模型来设计，完全依靠电脑来归纳)；

(3)多元的、非同一化的、破碎的、凌乱的、模糊的。

（二）表面重构

表面重构是解构主义的一个分支，是近年来在少数发达国家的建筑界出现的、具有探索性的空间组合方式。其特点是重过程胜于重结果，过程是明确的，但结果却是难以预料的。在最终结果出来之前，可能会出现多个结果，这就需要用储备的知识与美感去加以对比、筛选，确定一个自己认为最满意的最终结果，其过程有一定的游戏性。

具体操作方法：将两个或多个组合的立方体的表面打开成展开面再将展开面采用打开不同的方式重新组合，构成新的空间组合。这种解构主义的特点就是游戏性和过程性，方法和过程是明确的，但结果是难以预料的。动手制作的时候注意运用和推敲空间要素的不同构成方式。对比、筛选，确定最满意的一个空间组合。(图4-59～图4-62)

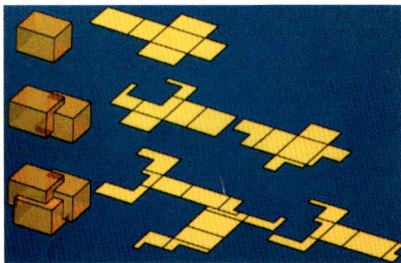

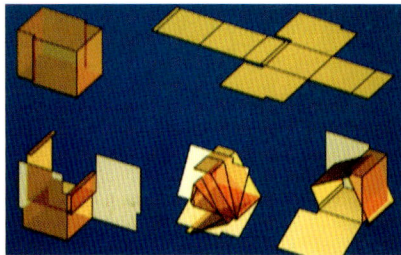

图4-59　表面重构步骤图

图4-60　表面重构模型

图4-61　德国某胶片厂外观

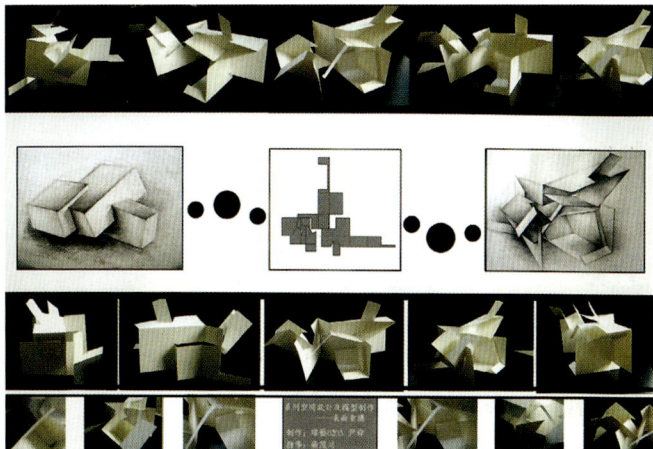

图4-62　表面重构练习

课余练习题：

作业一（图4-63～图4-70）：

《可生长的组合空间》空间模型

要求：

1.用一种组合空间的方式，比如流动式组成空间。

2.灵活运用水平界面要素和垂直界面要素的组合与合并来组织空间。

3.体现"可生长"的空间特点。

4.制作前先设计模型草图。

5.模型底面大小：A3。

工具材料：

1.KT板（白色）。

2.工具刀、剪刀、502胶、树脂胶、直尺、三角尺等。

图4-63　可生长空间

图4-64　可生长空间

图4-65　可生长空间

图4-66　可生长空间

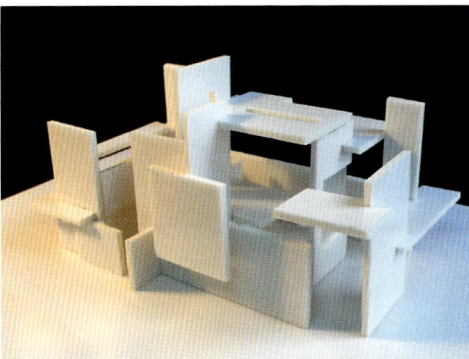

图4-67　可生长空间

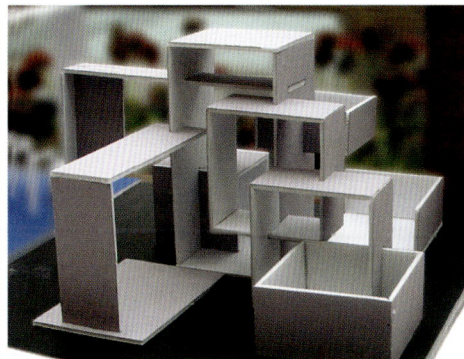

图4-68　可生长空间

图4-69 可生长空间

图4-70 可生长空间

作业二（图4-71～图4-78）：

《表面重构》空间模型

要求：

1.用表面重构的组合空间的方式组成空间。

2.首先完成由三个立方体的组合关系模型（KT板或各色纸板、卡纸）。

3.另外用纸板复制该组合模型，并将模型按边剪开。

4.将打散的展开面重新组合，构成新的空间。

5.模型底面大小：A3。

工具材料：

1.KT板、各种卡纸等。

2.工具刀、剪刀、502胶、树脂胶、直尺、三角尺等。

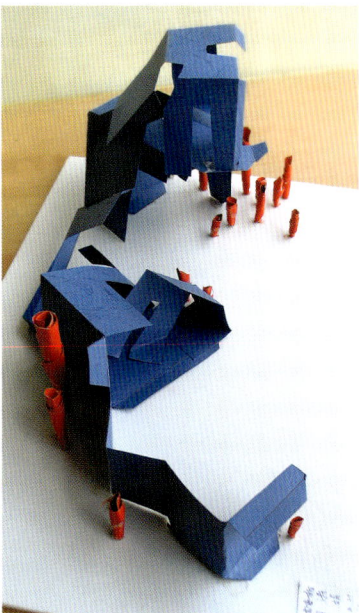

图4-71

图4-72

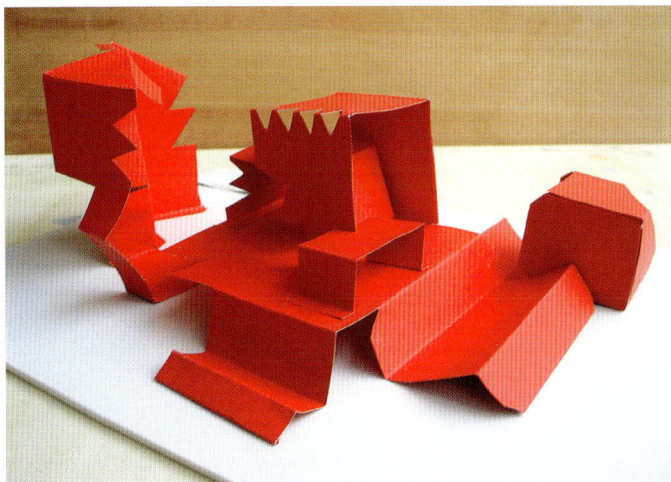

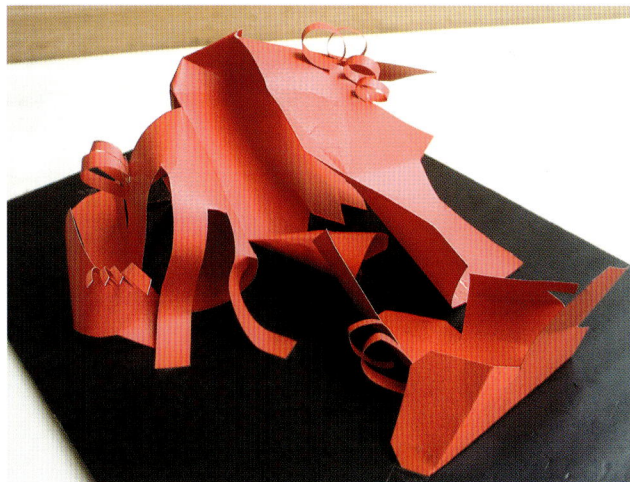

图 4-73

图 4-74

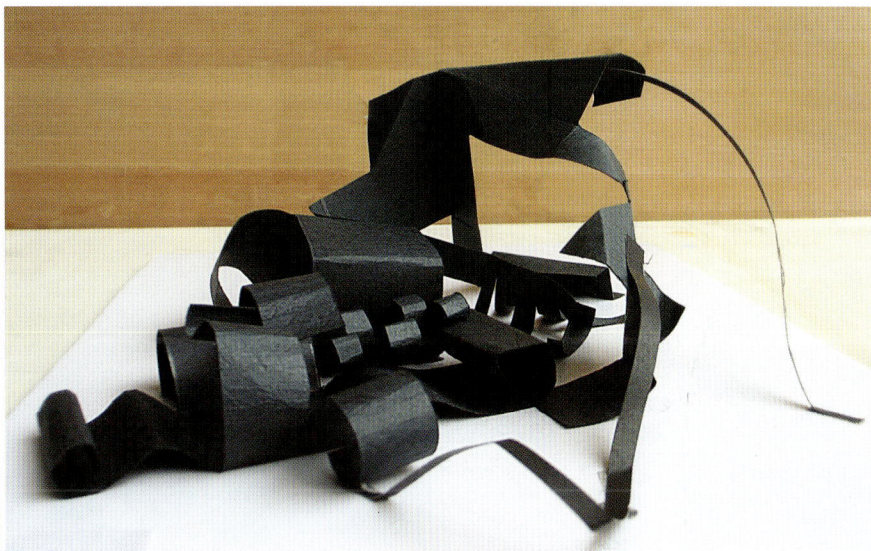

图 4-75

图 4-76

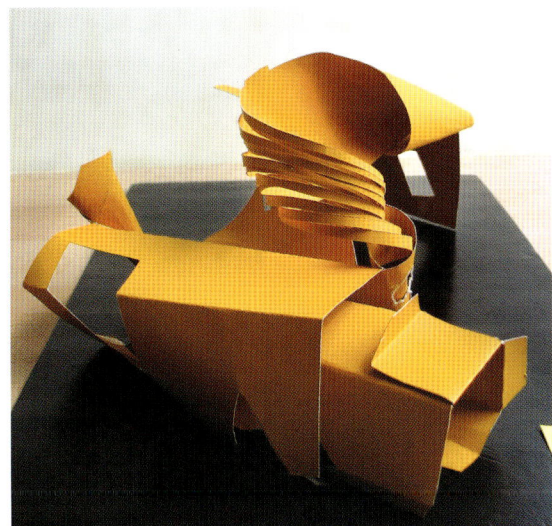

图 4-77

图 4-78

单　元　教　学　导　引

要求	本单元要通过对案例的介绍，使同学们了解组合空间的概念，以及组合与合并空间的关系和它们的组合方式。
重点	掌握组合空间构成的几种方式以及各自的特点。
注意事项提示	在学习组合空间构成时，需要利用各种途径勤于查阅资料，应对实际作品的空间构成设计达到理解和认识并通过该章节内容的学习能客观科学地评价其空间效果。
小结要点	本单元的第一部分简述了组合空间的构成以及两个空间的几种构成关系；第二部分讲解了空间的组合形式；第三部分则讲解了表面重构的知识点。

思考题：

1. 两个空间在一起会有哪些关系？

2. 组合空间是如何在空间构成中起作用的，并简述组合空间由哪几部分构成。

3. 简述组合在设计中的具体体现，并以实际例子说明。

4. 解构主义的概念是什么？

课余练习题：

1. 组合空间的构成有哪些？

2. 如何看待一个具体设计作品的空间构成，并通过本章节所学知识进行分析和评价。

课余时间作业：

1. 总结组合空间的构成形式。

2. 讨论组合空间设计的形式规律，并结合实际案例加以说明。

作业命题缘由：

本单元着重介绍了组合空间的概念，以及组合与合并空间的关系和它们的组合方式。

让学生通过思考和实践操作，是很好的掌握理论和提高能力的方法。

单元参考书目及网站：

金剑平　编著　空间构成设计　安徽美术出版社

辛华泉　编著　立体构成　人民美术出版社

刘芳　苗阳　编著　建筑空间设计　同济大学出版社

当代设计　期刊　台湾当代设计杂志社

设计在线:http://dolcn.com/data/cns_1/

易居网:http://www.eju.cn/

单元作业：

根据教程单元教学内容及任课教师讲授后的体会，认真完成实践作品，并将作品拍照、排版，将空间模型拍照，并将平面、立面、透视草图排版，制成A3图版打印最后提交。

单元作业设定缘由：

为使学生将单元教学内容融会贯通，通过学生的实际操作将对组合空间有非常深刻的认识。

单元作业要求：

1. 作品必须自己动手完成，不能抄袭和模仿。

2. 作品必须按照要求的具体尺寸和规格，并要切题，能完整地体现单一空间的几种不同风格。

后记

心理学上有一句话：关系先于教育。《空间构成基础教程》就是希望能引领学习者进入立体空间领域的繁杂关系之中，体会和认知复杂多变的空间结构形式和空间形态。在体验中使思维得到科学的训练，从"有"与"无"的辩证角度来进行思维方式的改变：将直线思维扩展为发散式思维、平面思维上升为立体思维、静止思维变化为运动思维。从平面到立体，从障目到通透。逐步由静止的空间转向运动的空间、变化的空间、生长的空间、幻觉的空间，从关注实体本身转向关注实体与实体之间的空间，从而对于空间形态的想象力与创造力逐步提高。一旦掌握了空间创造与思维能力，你就会发现已经推开了设计世界的大门，所有东方的、西方的、现代的、传统的，一切设计文化都变成你用来构建空间世界的元素。

多年来教学中的点点滴滴终于汇集成这样一本小书，感慨良多。特别要感谢沈渝德院长，他的支持与鼓励，推动着我们把自己教学中的经验与想法逐步积累、总结，构成本书的雏形。

书中图例除了本人及四川美术学院的学生作品之外，也有平日收集的国内外其他艺术院校及艺术家的作业或作品，因为很多用于说明的图例只是为日常教学而随时收集的，所以没能及时留下作者的相关资料，在此我要向所有图例的作者表示衷心的感谢。

我们自知本书所提出的一些观点和研究方法仍有很多地方尚不够成熟，如果能够抛砖引玉，引发大家学习的兴趣，足感欣慰。如有不同观点，希望能进行交流学习，以期能在这一领域的研究更加精进。

最后，向在编写过程中给予帮助的有关单位和个人表示衷心的感谢！

主要参考文献：

金剑平 编著.空间构成设计.合肥:安徽美术出版社,2000 年

辛华泉 编著.立体构成.北京:人民美术出版社,2001 年

刘芳 苗阳 编著.建筑空间设计.上海:同济大学出版社,2001 年

许超 黄丹 编著.立体构成.长沙:湖南美术出版社,2002 年

郝曼郝茨伯格（Herman Hertzberger）.空间与建筑师.天津:天津大学出版社,2003 年

王天祥,赵志生编著.立体构成.重庆:重庆大学出版社,2002 年

文增 编著.立体构成.沈阳:辽宁美术出版社,2003 年

张绮曼,郑曙旸主编.室内设计资料集.北京:中国建筑工业出版社,1991 年

孙祥明,史意勤 编著.空间构成.上海: 学林出版社,2005 年

郭茂来,郭曼琳著.立体构成.北京:北京理工大学出版社,2005 年

卢原义信著.外部空间设计.北京:中国建筑工业出版社,1984 年

周岚等编著.城市空间美学.南京:东南大学出版社,2001 年

许之敏编著.立体构成.北京: 中国轻工出版社,2001 年

杨茂川 著.空间构成.南昌:江西美术出版社,2006 年

夏祖华,黄伟康 编著.城市空间设计.南京:东南大学出版社,2002 年